Dialogs with Scientists of the Future

Papers from the 18th All Japan High School Science
Grand-Prix Conducted by Kanagawa University

未来の
科学者との
対話 18

第18回　神奈川大学
全国高校生理科・科学
論文大賞受賞作品集

学校法人 神奈川大学広報委員会
全国高校生理科・科学論文大賞専門委員会 編

日刊工業新聞社

未来の科学者との対話 18　目　次

●努力賞論文

は じ め に

審査委員長　上村 大輔

　2019年度新たな令和の元号を戴き、初めての神奈川大学全国高校生理科・論文大賞の審査が進行しました。本年度も全国66校の高等学校から秀逸なる論文の応募をいただき、その総数は135編を数えました。生徒諸君のたゆみない努力と精進の結果に感服するとともに、ご指導いただいた各先生諸氏のご尽力に改めて敬意を申し上る次第です。特に昨今では国内のみならず、世界でのコンペティションが盛んになって来ております。もちろん、理科系のみならずさまざまな分野でのコンテストが開催され注目されています。そのため、世界規模での自然科学の発展のためには多くの人々のご援助が必要であり、この点からも国を挙げての啓発が盛んとなっていることはご承知の通りであります。大学においても組織としての参加や、個人での学会を通してこの活動に参加しておりますが、たとえば、科学オリンピックはまさにこの範疇に入るものでしょう。

　さて本年度も素晴らしい内容の論文が数多く提出されました。提出された論文は、学内に組織された専門委員会での専門の立場からの詳細な審査に引き続き、選ばれた優秀な論文を課題の選択法、論文の展開法、結論の正確さ、さらには科学用語、単位系の厳密さなどといったことに加えて、高校生らしい研究論文のあり方などを最終審査の基準にしながら最優秀賞1編、優秀賞3編を選びました。また、努力賞16編を選びましたが、そのなかには優秀賞と遜色ないものも含まれ、今後の発展次第では素晴らしい論文になるとの評価が下されたものばかりでした。加えて、団体奨励賞5校も選ばれております。ここで、専門委員会委員長井上和仁氏（神奈川大学理学部教授）をはじめ各専門委員に感謝申し上げます。

　さて、本年度の最優秀賞は滋賀県立彦根東高等学校SS部数学班安済翔真、二宮康太郎君の2名による「拡張されたSoddyの六球連鎖における半

径の逆数和の性質（原題）」となりました。この論文は 2017 年度に本最優秀賞を獲得した研究の継続拡張に相当します。神奈川大学での理科論文大賞に輝いたその直後、実は米国での世界最大の高校生科学コンテスト（ISEF）に参加、見事に数学部門で 1 等賞を獲得しています。最終審査の段階で、以前からの進展について詳細に検討しましたが、大変見事な展開内容であると判断されました。第 n 世代に拡張された六球連鎖の場合にも半径の逆数の和が、数列を含む美しい一般式で書けることを証明しています。特に数列の一般項の解法には目を見張るものがあると判断しました。

　優秀賞の 3 編はいずれも観察の重要性を認識させる内容で、高校生らしい研究論文であり、力の入った秀作であります。兵庫県立姫路東高等学校科学部「チョウガタシロカネグモ（*Leucauge blanda*）は発する糸を変えて機能的な巣を形成する（原題）」は赤瀬彩香君を中心とした 14 名の共同研究です。30 個体のチョウガタシロカネグモを採集し、3 カ月をかけて蜘蛛の巣の張り方を顕微鏡によって観察展開をしています。縦糸に続き横糸を張る様子を詳細に観察し、虫を絡め取る横糸の粘球の分布を調査し、その重要性を指摘しました。一方で、従来縦糸には粘球がないとされていたのを、これは誤りで徐々に作られていることを示し、さらには修復のために古い糸を束ねて使っていることも見出しています。

　同じく優秀賞は名古屋市立向陽高等学校国際科学科ブランコ班「ブランコ漕ぎのメカニズムについて（原題）」であり、金子優作君を代表とした 4 名の共同研究で、ブランコ漕ぎの様子を動画写真で可視化し、重心運動を解析、垂直屈伸がブランコの振幅を大きくしていく現象をブランコから人に働く力のなす仕事と考え、実験値との測定誤差を 10% と見積もりました。一方で、試作装置を使った試験で、これをより詳細に検討して、精度を上げた実験値を得ることに成功しています。ブランコ運動の研究は多く存在しますが、高校生らしさが見て取れる内容と理解し、評価しました。

　3 件目の優秀賞は愛媛県立西条高等学校化学部の「銅樹は Cu だけではなかった（原題）」となりました。能智航希君を含む 5 人の共同研究であります。亜鉛と塩化銅(II)水溶液を使った銅樹の生成実験では、銅樹の色は黒や茶色であり、綺麗な銅色にならないのはなぜかについて検討を重ねてい

ます。その結果、黒色の銅樹は酸化銅(I)、銅、塩基性塩化銅(II)を含み、少し色が薄いと銅と酸化銅（I）からなると結論しています。溶存酸素による銅表面の酸化が原因で、その機構を考察しました。これも高校生活で出てきた問題を解いて行くという内容に共感が持たれました。

　ところで、日本における大学評価の文化が導入されたのは国立大学法人化以後ではないかと言われています。評価とは、対象とする団体や個人の価値を高めるためのものであり、決して価値を落とすためのものではありません。現在展開されている大学評価もそうであると判断しますが、マスメディアを含む社会は必ずしもそれだけでは満足しません。個人として、また団体として社会貢献を大きく取り上げ評価することに邁進しています。直感的にはその時代の要請に沿って、その時その時を評価するのでしょうが、教育の立場に身を置くものとしてはもっとうんと先を見つめて評価することが重要ではないかと、つくづく思う今日です。ある場面で人は大きく成長し、本来隠されていた能力が意想外に出現したり、組織としての特別の発展につながる結果が見て取れる場合があります。また、そういった場面を演出し、遊びを持たせておくことも必要ではないでしょうか。このような観点からも、神奈川大学全国高校生理科・科学論文大賞の意義が今更ながら痛感され、本企画に携わってこられた先人の叡智に感服する次第であります。しかしながら、絶え間ないさまざまな評価に耳を傾け、より良い方向に進んでいくことが肝要でしょう。

プロフィール

上村　大輔（うえむら　だいすけ）

　1945年岐阜県生まれ。1973年名古屋大学大学院理学研究科博士課程単位取得満期退学。理学博士。静岡大学教授、名古屋大学教授、慶應義塾大学教授、神奈川大学教授、金沢大学監事、日本化学会「化学と工業」編集委員長、神奈川大学評議員を歴任。現在、名古屋大学名誉教授、神奈川大学特別招聘教授。専門は天然物有機化学。
　編著書に、"Bioorganic Marine Chemistry"（共著）(Springer-Verlag, 1991)、『現代化学への入門15 生命科学への展開』（共著）（岩波書店、2006)、『科学のとびら60 天然物の化学―魅力と展望―』（編集）（東京化学同人、2016)、『化学の要点シリーズ18 基礎から学ぶケミカルバイオロジー』（共著）（共立出版、2016)、ほか。
　紫綬褒章（2009)、瑞宝中綬章（2018)

審査委員講評

国際語

紀　一誠

　1889年にフランス革命100周年記念として建てられたパリのエッフェル塔の古ぼけたエレベータに乗ると展望台の一角にあるレストランにたどり着くことができる。このレストランは私が初めての海外出張で初めて国際会議に参加した時にバンケット（宴会）が行われた場所である。若かった頃の話である。すべてが初体験でもあり、また翌日の発表を控え緊張の極みに達していたので、美しいパリの夜景を楽しむ余裕は全く無かった。さらに英語が追い打ちをかけてくる。英語圏以外からの参加者も多数おり、ほぼ全員流暢な英語で楽しそうに会話をしたり食事をしたりしていたが、私のたどたどしい英語ではなかなか入りこめなかった。この時に初めて「国際語」としての英語の重要性、とりわけ「聞く、話す」力、コミュニケーション英語の重要性を痛切に実感したものである。国際社会では英語は必須スキルであり、好き嫌いを言っている場合ではなかったのだ。

　英語教育は中学、高校、大学と7年間受けてきたが、私たちの時代は「読む、書く」ことがすべてであり、「聞く、話す」に関する教育は皆無であった。現在のようにさまざまな英語教材があるわけでもなく、カセットテープもまだ普及していない時代のことである。レコード盤の「リンガフォン」というリスニング教材が唯一のものであったが、高額でありとても手が出るものではなかった。日本の英語教育は次第に改善はなされつつあるようであるが、まだまだ読み書き英語が偏重されていて、相手の言うことを正しく聞き取り、自分の伝えたいことを過不足なく伝えるための実践的な英語教育は決定的に不足している。

　パリにおける初経験の後、大小とり混ぜさまざまな国際会議に参加する機会があり、発表にも次第に慣れ、研究者仲間との交流や各種イベントも楽しめるようにはなってきたが、コミュニケーション英語力の不足は最後

まで実感させられた課題でもあった。現在では各種の優れた英語教材が市販されており、雑誌やネット等からも多数情報が得られる状態にあり、私たちの時代とは比較にならないくらい学習環境は整っている。そのこともあり、今の高校生の英語の実力は格段に私たちの時代よりも優れている。理科論文大賞の表彰式では大賞論文と優秀賞論文のプレゼンテーションを行うが、第15回大会（2016）では英語で発表した高校生がおり、その英語力に感心したことがあった。

　今回の大賞論文は「拡張されたSoddyの六球連鎖における半径の逆数和の性質（原題）」であるが、この論文は第16回大会（2017）の大賞論文である「Soddyの六球連鎖の拡張」の継続発展研究である。この「Soddyの六球連鎖の拡張」は2018年5月にピッツバーグ（米）で開催されたISEF（International Science and Engineering Fair）2018に参加し、「アメリカ数学会賞」1等賞を獲得した。ISEF2018には世界81カ国約1800名の参加者があり、日本からはJSEC2017（高校生科学技術チャレンジ）で上位入賞を果たした6チーム13名が参加した。数学部門にも54組がエントリーしたなか、3分間の英語発表と質疑応答を経ての受賞であり、この成果はすばらしい。

　本年の大賞論文は、Soddyの六球連鎖において第n世代の外球および二つの核球の半径の逆数の和がある数列を係数にもつ関係式として表現できることを示したものである。その内容は国際的にも十分にアピールできる優れたものなので、機会をとらえてぜひ挑戦してみることを期待している。

プロフィール

紀　一誠（きの　いっせい）

　1943年群馬県生まれ。1968年3月東京大学工学部計数工学科数理工学コース卒業。工学博士。1968年4月NEC入社（データ通信システム事業部）。1999年4月NEC C & Cシステム研究所主席研究員を経て、神奈川大学理学部情報科学科教授。2013年神奈川大学理学部数理・物理学科教授。2014年4月　神奈川大学名誉教授。1996年日本オペレーションズ・リサーチ学会フェロー。専門分野　待ち行列理論。
　著書：「待ち行列ネットワーク」（朝倉書店、2002年）、「性能評価の基礎と応用」（共立出版、亀田・李 共著、1998年）、「計算機システム性能解析の実際」（オーム社、三上・吉澤 共著、1982年）、「経営科学OR用語大事典」（朝倉書店、分担執筆、1999年）、他。

役に立つ研究と
何の役に立つかはよくわからない研究

齊藤　光實

　研究は応用研究と基礎研究と分けることができるかもしれません。たとえば、本年度の高校生理科・科学論文大賞の応募論文の中にクモの糸の張られ方の研究がありました。クモの糸の張られ方に興味を持って、どのようにしてクモは巣を作っているのだろうかを研究するのは基礎研究といってもいいでしょう。一方で、たんぱく質でできたクモの糸を人工的に作り出して石油を原料としない人工クモ糸を利用しようとする研究は現在進行中の応用研究です。すなわち、基礎研究は純粋な好奇心にその出発点があり、応用研究は今ある問題や課題の解決から始まるといってもよいでしょう。応用研究と基礎研究のどちらが価値があるかは簡単には言うことができません。価値判断は、人によって、時代によって、あるいは、社会によっても異なっているからです。

　大学では、理学部では主として基礎研究が行われ、工学部、農学部、医学部、薬学部などでは、一般に、応用研究が行われています。また、利益を生み出す必要のある企業の研究室では一般的に応用研究がなされます。しかし、基礎研究からは、新しい理論が発見されることがありますが、実用的な成果が生まれることがあり、一方、応用研究からも重要な原理が発見されることがあります。

　去年の日本人のノーベル化学賞受賞者吉野さんは子供の頃にイギリスの科学者マイケル・ファラデー（1871–1867）が著した「ロウソクの科学」を読んで科学に興味をもつようになったという報道記事を読みました。19世紀の初め、電気の有用性について誰も理解していなかった時代の、そのファラデーについての一つの逸話を紹介したいと思います。

　ファラデーが今でいう研究室紹介を実施した際に当時の総理大臣ロバート・ピール卿が見学に来たそうです。正規の教育を受けたことのないファラディーはその時には有名な科学者であったのです。ピール卿はファラ

ディーが最近作った発電機に目を留めて尋ねました。「この奇妙な装置は何ですか？」ファラディーは答えたそうです。「I know not, but I wager that one day your government will tax it.」電気産業が拡大して、英国の大蔵省の目に止まり、それに税金が課せられるようになったのはファラディーもピール卿も死んでしまってかなりの時が過ぎた 1880 年代のことだったそうです。

　応用研究はその成果がいわゆる人類の福祉に役立つゆえに重要でしょう。一方、基礎研究の成果はすぐに役に立つかわからないものです。全く役に立たないと思われる発見がこれまで発表された数知れない論文の中で眠っていますが、それがいつ役に立つようになるかは誰も断言できません。ファラディーが言ったように、当の研究者自身も「わからない」のが普通です。しかし、ファラディーはイギリス政府が、いつの日か、（発電機によって生じた）電気に税金をかけるようになることに私は賭けると言いました。ファラディーは自分のやっている（基礎）研究がいつの日か人々の役に立つと信じていたのでしょう。ファラディーの逸話は基礎研究の重要さを教えています。応用研究の成果を花や果実とするならば、基礎研究はそれを生み出す水や肥料や日光に当たるのでしょう。

プロフィール

齊藤　光實（さいとう　てるみ）

　1943 年滋賀県生まれ。1967 年京都大学薬学部卒業。1972 年京都大学薬学研究科博士課程満期退学。薬学博士（京都大学）。1972 年住友化学宝塚研究所研究員。1973 年より京都大学薬学部助手、助教授。その間、米国テキサス大学医学部ヒューストン校博士研究員。1989 年神奈川大学理学部教授。神奈川大学名誉教授。専門は生化学、微生物学。
　著書に “Intracellular Degradation of PHAs”（共著）（Biopolymers, Polyesters II、Wiley-VCH、2002）“Generation of poly-β-hydroxybutyrate from acetate in higher plants. Detection of acetoacetyl CoA reductase-and PHB synthase-activities in rice”（共著、J. Plant Physiol. 201, 9-16, 2016）

絶えざる挑戦こそ成功の秘訣

庄司　正弘

　このたび受賞された皆さん、ならびにご指導に当たられた先生方に心よりお祝いを申し上げます。本年度の大賞は、一昨年に続く同一校、同一グループの授賞となりました。完成度の高い大変優れた研究であったためですが、しかしその研究課題は一昨年度と同じで一つの属性とも言えるものに関するものでした。また、研究手法も同じでしたので、欲を言えば、一昨年度のものと一つの研究としてまとめられておれば、完璧な最高に優れた研究論文となっていたことでしょう。一方、優秀賞の3編は、いずれも優れたものでしたが、研究された当事者の皆さんには、成果の点で必ずしも満足のいくものでなかったかも知れません。研究の過程では、いろいろ苦労されたことや、失敗などもあったのではないかと思います。しかし純粋な数学の問題と異なり、実際現象の研究、特に実験研究は難しいものであり、思い通りに行かないのが普通です。

　「失敗は成功の母（元）」と言われます。失敗に挫けず、努力を重ねることの大切さを謳っているのでしょうが、失敗して「瓢箪から駒」、つまり、うっかり間違ったことが思わぬ成果を生むこともあります。技術分野における一事例を挙げると、工業用水車の開発過程における設計ミスの話があります。だいぶ昔のことですが、ある設計者が水車の回転軸と羽根の寸法をうっかり1桁間違い、設計、製作してしまいました。しかし驚いたことに、水車の効率が以前より格段に向上したのです。

　研究における失敗は、知識の不足による場合もありますが、知識自体が未成熟な段階では、仕方がない面もあります。1940年のことですが、アメリカのワシントン州にタコマ橋ができました。完成から数カ月後のこと、わずか19 m/秒の風で橋が崩壊してしまったのです。橋のゆれ振動の不安定性が自己増幅する自励振動が原因でしたが、このことが明らかになったのは事故後のことであり、設計当初はまだ自励振動についての知識が十分

ではありませんでした。この事故に関して私が興味を覚えたのは、事故や原因のことばかりではありません。もし我が国で同様の事故が起こっていたら、設計や製造を請け負った企業や設計者が責任を負わされ、橋の修復は他の企業や設計者に委ねられたでしょう。当時の我が国の責任の取り方、対処の仕方はそのようなものでした。しかしタコマ橋の場合、元の橋を設計したグループに新しい橋の建設が任され、見事に新しくて丈夫な橋が完成したのです。大学の授業でこの話を耳にしたとき、事故よりも責任の取り方に感銘を受けたことをよく覚えています。

　瓢箪から駒、単純なミスから成功した経験が私にもあります。大学院の修士のときのことです。私の研究課題は、固体面の上で急速に成長する気泡の底部、固体面との間に形成される薄い液膜の厚さを測定することでした。液膜の厚さは数ミクロン、それが高速で形成されるため、肉眼観察は難しく、水銀灯を用いた光学系で液膜にニュートンリングを生成し、それを高速度カメラで撮影することにしました。実験の最初はまったくの失敗続きでしたが、ある日のこと、一緒に実験していた下級生（学部4年の卒論生）が装置を壊してしまいました。仕方なく、その壊れた装置でしてみたところそれがなんと、見事に美しい映像（ニュートンリング）を捉えていました。世界でも最新の美しい映像でした。失敗には、このようなこともありうるのです。成功に至らぬ最大の原因は、失敗を恐れて挑戦しないことにあると言われます。研究に限らず、皆さんにはどうかこれから何事にも果敢に挑戦し続けて欲しいと思います。きっと良い成果がえられると思います。

プロフィール

庄司 正弘（しょうじ　まさひろ）

　1943年愛媛県生まれ。1966年東京大学工学部卒業、1971年東京大学工学系大学院修了、工学博士。東京大学工学部専任講師（1971年）、助教授（1972年）、教授（1986年）を経て2004年退官、名誉教授。同年、独立行政法人産業技術総合研究所招聘研究員。2006年神奈川大学工学部教授、工学部長、理事・評議員（職務上）を歴任。専門は熱流体工学。日本機械学会名誉員、日本伝熱学会会長を務め永年名誉会員。著書に「伝熱工学」（東京大学出版会）、編著に"Handbook of Phase Change"（Taylor & Francis）、"Boiling"（Elsevier）等。Nusselt-Reynolds国際賞、東京都技術功労賞、Outstanding Researcher Award（ASME：米国機械学会）など受賞。

触媒科学者の夢の実現を！

内藤 周弌

　今年度もまた、全国66校の高校生諸君から135編の理科・科学論文をご応募いただき、楽しく拝読致しました。研究テーマも物理42・生物42・化学32・数学6・地学3件と多分野にわたり、優劣のつけ難い力作ぞろいでした。

　大賞に輝いた滋賀県立彦根東高校の「Soddyの六球連鎖」の論文は数学という学問の美しさを感じさせる素晴らしい作品です。優秀賞の一つである名古屋市立向陽高校の「ブランコ漕ぎのメカニズム」に関する論文は高校生らしい発想に基づく仮説とモデル実験装置による検証を試みた意欲的な研究ですが、複数の人による繰り返し実験などの工夫により、その精度を上げることができたはずです。二つ目の優秀賞には兵庫県立姫路東高校の「クモの巣の形成過程」に関する研究が選ばれました。クモの巣の張り方についてはさまざまな先行研究がありますが、高校生の粘り強い観察で、粘球についての新しい知見を得ている点は特筆に値します。もう一つの優秀賞である愛媛県立西条高校の「銅樹の組成と生成過程」に関する論文は、高校の実験室で取り扱われるテーマから発展し、ひとつずつ疑問を解いていく楽しさが伝わる高校生らしい内容の作品です。さらに、黒色銅樹と茶色銅樹を別個に作れたら非常に面白い論文になっていたことでしょう。

　今回、本論文大賞に参加した高校生の皆さんがこの講評を目にする頃には、大学生として自分の将来の専門分野を模索する機会も多いと思います。そんな時、"触媒科学を専攻してみよう！"という想いを巡らして下さい。触媒科学の分野ではまだまだ未解決の問題が山積しています。その中でも、特に難解なために「夢の触媒反応」と呼ばれる二つの例を紹介しましょう。

　一つは「温和な条件での空中窒素の固定によるアンモニアの合成」です。自然界では、マメ科植物の根の部分に寄生する根粒菌中の窒素固定酵素ニトロゲナーゼが触媒となり大気中室温下の条件で窒素分子の三重結合に電子を2個ずつ流し込み、少ないエネルギーで段階的に6電子還元が行われ、

アンモニアは合成されます。一方、人類は 20 世紀初頭にハーバー・ボッシュ法と呼ばれる工業的アンモニア合成法を確立しましたが、これは鉄触媒を用いて高温・高圧の反応条件下でのみ実現が可能です。その理由は、零価の Fe 金属表面では複数の金属原子の協同で一気に 6 電子が供給され、窒素分子の三重結合が切断されて、安定な表面窒化物が形成されるためです。もし我々がニトロゲナーゼ酵素に類似した触媒を構築できれば、よりエネルギー消費の少ない温和な条件でアンモニアを合成できるはずです。

　もう一つの例は「温和な条件でのメタンの活性化」です。メタンは天然ガスの主成分であり、炭素資源のうちでは豊富に存在するものの一つです。近年、枯渇が懸念される石油の代替炭素資源としてメタンを活性化し高級炭化水素や芳香族化合物へ転換する触媒反応が注目されています。しかし、メタンは目的化合物に比べて反応性に乏しいため、従来の触媒では500℃ 以上の高温を必要とし、目的化合物への選択性も悪くなってしまいます。一方、天然には室温・大気圧という温和な条件でメタンを活性化できるメタンモノオキシゲナーゼという酵素が存在し、ほぼ100％ の選択性でメタノールの製造が可能です。そんな新しい人工触媒の発明が待望されています。

　ここでは、自然界では酵素が容易に実現できるが、我々人類にはできていない触媒反応の例を述べましたが、本論文大賞に参加された高校生諸君が、将来、「触媒科学者の夢」を実現してくれることを切に期待します。

プロフィール

内藤 周弌（ないとう　しゅういち）

　1943 年　北海道生まれ。1967 年東京大学理学部卒業。理学博士。東京大学理学部助手・講師・助教授、トロント大学リサーチ・フェロー、神奈川大学工学部教授、神奈川大学名誉教授。専門は触媒科学。
　著書に『反応速度と触媒』（共著）（技報堂、1970 年）、『界面の科学』（共著）（岩波書店、1972 年）、『触媒化学』（共著）（朝倉書店、2004 年）、『触媒の事典』（分担執筆）（朝倉書店、2006 年）、『触媒化学、電気化学』（分担執筆）（第 5 版実験化学講座 25、日本化学会編、丸善 2006 年）、『触媒便覧』（分担執筆）（触媒学会編・講談社、2008 年）、『固体触媒』（単著）（共立出版、2017 年）ほか。

観ることから発見へ

西村 いくこ

　この度初めて全国高校生理科・科学論文大賞の審査の機会をいただきました。手元に届いた応募論文をみて即座に思ったことは "高校生、恐るべし" でした。受賞者の皆様と指導に尽力された先生方に、心よりお祝い申し上げます。優秀論文の候補 20 編は理科の広い分野にわたるもので、その中から選ばれた大賞 1 編と優秀賞 3 編も、数学、生物、物理、化学のそれぞれの分野の優れた論文となっています。大賞・優秀賞はグループ研究論文ですが、努力賞の中には興味深い個人研究論文もありました。

　私の専門分野は、植物の細胞生物学です。生物分野の優秀賞のチュウガタシロカネグモの論文は、実験対象のクモをよく観察することから、先行研究とは異なる発見を成し遂げていました。実験科学に携わった皆さんは、観察や実験に没頭することができたでしょうか。サイエンスでは「独創性」が大切とされます。独創的な研究を行うためのポイントは 3 つあると考えてきました。(1) 実験の対象をよく観る、(2) アナロジーに頼らない、(3) 適切な実験系を採用することです。

　生物学は、観ることから始まります。肉眼でも、光学顕微鏡でも、電子顕微鏡でも、どのレベルでもよいでしょう。最近は、共焦点顕微鏡を用いることで、GFP（緑色蛍光タンパク質）標識した分子や細胞小器官を生きた細胞で観ることができます。植物は静的な生物と思われていますが、細胞の中は都市の道路並みの忙しさです。原形質流動と呼ばれる現象です。植物細胞内で GFP 蛍光を発する細胞小器官の運動を観ていると、その世界にはまり込んでしまいます。しかし、観るだけはサイエンスになりません。そこから新しい発見へとつなげていくことが重要です。実験対象をボーッと観るのではなく、しなやかな頭で考えながら観ることから、素直な仮説をたててみましょう。

　さまざまな生物のゲノム情報が容易に入手できる時代になり、動物と植

物が多くの共通した遺伝子をもつことがわかってきました。動物の研究からある遺伝子が興味深い生命現象の鍵になるという論文が発表された時に、植物でも同じ遺伝子が同様の働きをしていることを証明することは簡単です。しかし、敢えて既報の論文の成果から離れて、件の遺伝子の働きを別の方向からみてみると意外な発見があるものです。

　植物の茎は倒れても重力に逆らって起き上がる能力があります。重力屈性と呼ばれ、植物ホルモンが重要な役割を果たしていることを生物の教科書で学ばれたと思います。この起き上がる力をアクセルとすると、茎が曲がって起き上がることを抑えるブレーキの存在が最近明らかになりました。このように生物の多くの現象は、プラスとマイナスの過程から成り立っていることが多いものです。プラスの現象にのみ眼が向きがちですが、その裏にマイナスの仕組みがあると考えてみるのも面白いものです。既知の情報に捉われずに、視点を変えて観るということです。しなやかな頭のはたらきを閉じ込めずに、解放してみるのも良いではありませんか。

プロフィール

西村 いくこ（にしむら　いくこ）

　1950年京都市生まれ。1974年大阪大学理学部卒業、1979年大阪大学大学院理学研究科博士課程修了、同年学位（理学）取得。岡崎国立共同研究機構助手（1991年）、同助教授（1997年）、京都大学大学院理学研究科教授（1999年）、甲南大学大学院自然科学研究科及び同学理工学部教授（2016年）を経て、甲南大学特別客員教授（2019年、現職）、日本学術振興会学術システム研究センター副所長（2017年、現職）。専門は、植物細胞生物学。日本学術会議連携会員（2006-2014年）、日本植物生理学会会長（2014-2015年）、日本生化学会名誉会員（2015年）、アメリカ植物生理学会名誉会員（2015年）、京都大学名誉教授（2016年）、日本学術会議会員（2014年、現職）。中日文化賞（2006年）、文部科学大臣表彰科学技術賞（2007年）、日本植物生理学会賞（2013年）、紫綬褒章（2013年）受賞。

自然という言葉

松本　正勝

　科学者の卵たちの好奇心、想像力、探求心、そして研究に対する熱意と推進力に驚かされ、そこから生み出された論文を毎回のことながら新鮮な気持ちで読むことができました。審査にあずかる者としては何といっても若々しい高校生の自由な発想に触れられることが大きな楽しみです。そんな中でふと思ったことがあります。皆さんの多くが自然界の事象・事物を調査研究されているのですが、その「自然」という言葉の持つ意味や由来はどうなのかということです。'Nature' の意味の「自然 'しぜん'」は概念も読み方の定着したのもそれほど古くないようです。もう一つの言葉「自然 'じねん'」は前者とは異なる意味合いで千年以上の昔から使われてきた言葉です。両者の違いは我々日本人のあり様ともかかわり、調べてみるのも奥が深く面白そうです。それはさておき、「自然」の「然」から連想が始まりました。「然」は「状態を表す語に添える語」、これではよくわかりませんが、「自然 'しぜん'」とは「人為が加わっていないありのままの状態」とすると少しわかったような気がします。

　「然」の付く言葉は雑然、漠然、混然、必然、純然、（理路）整然などなど沢山あります。一見「雑、漠、混然」とした自然界に「必然、純然」とした規則性・法則性を見出し、できる限り（理路）整然と説明しようと人々は昔から多大の努力を重ねてきています。ところで私たちは「純」や「整」に比べ、「雑」という語に対し「雑な云々」というようにどうも好ましくない印象を持っています。「雑草」、「雑木 'ぞうき、ざつぼく'」、「雑魚」という言葉もそうで、十把一絡げ、それぞれ立派に生きている草木魚には気の毒です。人がヒトという生き物であることをつい忘れて自分たちの都合で判断しがちです。「雑草という名の植物はない」、植物学の父、牧野富太郎の言葉です。それぞれを知ると個々の役割とか今まで顧みられなかった大切さがわかってきます。それでもなお知らないことが多く、新た

な不思議が生まれ、解き明かす努力が続きます。

　さてここで、大賞をはじめ各賞に選ばれた論文を読んだ感想を述べたいと思います。まず、大賞の論文「拡張された Soddy の六球連鎖における半径の逆数和の性質（原題）」は第 16 回において大賞を獲得した論文の延長線上にありますが、高校生離れのした素晴らしい論文であることが専門外の者にもわかります。優秀賞の「銅樹は Cu だけではなかった〜組成と生成過程に注目して〜（原題）」の銅樹生成は目で見て楽しい化学実験の一つです。生成物の色や形に対する素朴な疑問から出た高校生らしい理科論文で丁寧に実験されています。ただ溶存酸素を除いた実験などがあるとなお良かったと思います。論文「チュウガタシロカネグモ（Leucauge blanda）は発する糸を変えて機能的な巣を形成する（原題）」は身近にある不思議の1つ、クモの巣、を採り上げています。クモがどのように巣を張るかについては多くの先行研究がありますが、著者らは丹念な観察により新たな発見をしています。最初の糸一本から巣の張られていく様子が図で示されていればもっと想像力を働かせて楽しく読めたことでしょう。「ブランコ漕ぎのメカニズムについて（原題）」も高校生らしい着想に基づく論文で、人が漕ぐ動きと自作したブランコ漕ぎ装置によるシミュレーション実験と比較されています。人による実験例を増やすなどにより説得力が増すでしょう。最後に、論文を作製されたすべての方々に対し研究への取り組みと努力に敬意を表し、これからの研究の進展に期待します。

プロフィール

松本　正勝（まつもと　まさかつ）

　1942 年大阪府生まれ。1965 年京都大学工学部卒業。1970 年同大学大学院工学研究科修了。工学博士。(財)相模中央化学研究所を経て 1989 年神奈川大学理学部教授。同大学大学院理学研究科長、同大学学校法人常務理事を経て、2013 年定年退職。現在、同大学名誉教授。
　著書に「生物の発光と化学発光」（単著、共立、2019 年）、「有機化学反応」（共著、朝倉、2005 年）、「バイオ・ケミルミネセンス・ハンドブック」（分担執筆、今井、近江谷編、丸善、2006 年）、「Synthesis with singlet oxygen」（分担執筆、A. A. Frimer 編，CRC, 1985 年）、「Bioluminescence and Chemiluminescence, Progress and Perspective」（共編、Tsuji, A.; Matsumoto, M.; Maeda, M.; Kricka, L. J.; Stanley, P. E. 編、World Scientific, 2005 年）など。

大賞論文

●

大賞論文

Soddy の六球連鎖で
「半径の逆数和」が表す美しい式
（原題）拡張された Soddy の六球連鎖における半径の逆数和の性質

滋賀県立彦根東高等学校　SS 部数学班
２年　安済 翔真　二宮 康太郎

●

研究目的

1　Soddy の六球連鎖

　本研究は、2017 年に本校 SS 部数学班が行った研究「Soddy の六球連鎖の拡張」[1]（横濱、坂井、小島）の継続研究である。先輩たちの研究も「第 16 回　神奈川大学　全国高校生理科・科学論文大賞」で大賞を受賞している。

　「Soddy の六球連鎖（Soddy' s hexlet）」とは、ノーベル賞を受賞した英国の化学者フレデリック・ソディが約 80 年前の 1937 年の論文で発表したものである。図１のように、外球（半透明の球）に内接し、かつ互いに外接している 2 つの核球（青色の球）の組が与えられた時、外球に内接しこの 2 つの核球に外接し、さらに隣同士が外接する 6 個の球（黄色の球）の連鎖を指す。Soddy の六球連鎖の定理[2] によると、この黄色の球の連鎖数は、核球の大きさや連鎖を始める最初の球の位置に関係なく常に「6」である。さらに、六球連鎖を構成する球の半径を順に s_1, s_2, s_3, s_4, s_5, s_6 とすると、次の性質が成り立つ。

$$\frac{1}{s_1} + \frac{1}{s_4} = \frac{1}{s_2} + \frac{1}{s_5} = \frac{1}{s_3} + \frac{1}{s_6} \quad \cdots ①$$

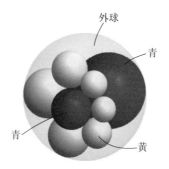

図1　Soddy の六球連鎖

　前研究[1]では、球の連鎖数が常に6であるという性質を、新しい球の生成手段として利用し、Soddy の六球連鎖を拡張した球の集合「第 n 世代の hexlet」を以下のように定義した。本研究も引き続きこの集合を研究対象とする。

2　第 n 世代の hexlet

　図1を見ると、外球に内接する青色と黄色の球は合計8個あり、この中に新しく核球となることができる2つの球の組が18組（黄色と黄色の球の組が6組、青色と黄色の球の組が12組）存在する。この新しい核球の組に対しても、既存の球を出発点として六球連鎖を作ることができる。たとえば、2つの黄色の球を核球とする場合は、**図2**のように青色の2球がすでに六球連鎖の一部を構成しており、新しい球は4個生成される。黄色と青色の2球を核球とする場合は、**図3**のように、もう1つの青色の球とそれに接する2つの黄色の球がすでに六球連鎖の一部を構成しており、新たな球は3個生成される。このように18組すべての核球の組に対して、既存の球を基に六球連鎖を完成させたものが**図4**である。緑色の球がこの操作により新しく追加されたものであり、これを「第2世代の hexlet」と呼ぶ。

　この操作は無限に繰り返すことができる。そこで、Soddy の六球連鎖の最初の黄色の6個の球の集合を「第1世代の hexlet」と呼び、以下、帰納的に自然数 n≧1 に対して、第 n−1 世代以前の hexlet に属する球の集合から新しく核球となり得る2つの球の組をすべて取り出し、この操作を施し

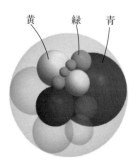

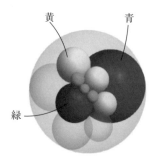

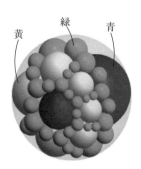

図2　2つの黄色の球を核球とする六球連鎖で追加される4つの球

図3　黄色の球と青色の球を核球とする六球連鎖で追加される3つの球

図4　第2世代のhexlet（緑色の球）

て新しく生成される球の集合を「第 n 世代の hexlet」と呼ぶ。ただし、便宜上、最初の2つの核球の集合を第0世代の hexlet とする。

　前研究[1] では、第 n 世代の hexlet を構成する球の個数が常に 6^n であることを証明した。図5 は、左から順に第1世代から第6世代の hexlet の例であるが、これらを構成する球の個数は順に $6^1, 6^2, 6^3, 6^4, 6^5, 6^6$ である。この結果は、Soddy の六球連鎖が持つ球の個数に関する性質が、第 n 世代の hexlet において、きれいに拡張されていることを示している。そこで、本研究では、Soddy の六球連鎖が持つ上記の球の半径に関する性質①も第 n 世代の hexlet において、何らかの形で拡張することができるのではないかと考えた。

　Soddy の六球連鎖においては、証明は後述するが性質①からただちに6個の球の半径の逆数和を計算することができる。すなわち、外球の半径を

$$\frac{1}{s_1}+\frac{1}{s_2}+\frac{1}{s_3}+\frac{1}{s_4}+\frac{1}{s_5}+\frac{1}{s_6}=6\left(\frac{1}{r_1}+\frac{1}{r_2}-\frac{1}{R}\right) \quad \cdots ②$$

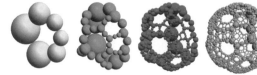

図5　第1世代から第6世代の hexlet

R、2つの核球の半径をそれぞれ r_1, r_2 とすると、以下の結果が成り立つ。

　Soddy の六球連鎖では、6個の球の内、1つの球の位置を決めると残りの5個の球が決定される。したがって、残りの5個の球の半径は最初の1つの球の半径に伴って変化するが、性質②はそれらの逆数和は常に一定であることを示している。6個の球の半径が変化しても、それらの逆数和が核球の半径と外球の半径のみに依存するという事実は興味深い。本研究では、第 n 世代の hexlet における球の半径の逆数和に注目し、第1世代の hexlet で成り立つ性質②が、どのように拡張されるのかを明らかにすることを目的とする。

研究方法

【定義1】

　　第 n 世代の hexlet を $\boldsymbol{H}[n]$ で表わし、$\boldsymbol{H}[n]$ に属する球を単に「第 n 世代の球」と呼ぶ。また、第 n 世代の球の半径の逆数和を T_n で表わす。

　前研究[1] では、Wolfram Research 社の数式処理ソフト *Mathematica*（Ver.11）を用いて、$\boldsymbol{H}[n]$ を生成するプログラムを開発した。図5の hexlet の例は、このプログラムを用いて出力したものである。本研究においても、このプログラムを改良し、T_n を計算する実験を行う。性質②が成り立つとすると、外球の半径 R を固定した時、T_1 は、核球の半径 r_1, r_2 のみに依存し、さらに、この式の形から r_1, r_2 の値そのものではなく $1/r_1 + 1/r_2$ の値に依存することが考えられる。そこで、$T_n(n \geqq 2)$ も $1/r_1 + 1/r_2$ の値のみに依存するのではないかという予想を確かめ、それが具体的にどのような式で表わされるのかを考察するため、以下の実験（1）、（2）を行う。

「実験」

（1）$\dfrac{1}{r_1} + \dfrac{1}{r_2}$ の値が等しくなるような r_1, r_2 の複数の組に対して、

T_n（$2 \leqq n \leqq 6$）を計算する。

(2) $\dfrac{1}{r_1} + \dfrac{1}{r_2}$ の値が異なるような r_1, r_2 の複数の組に対して、

T_n（$2 \leqq n \leqq 6$）を計算する。

得られた結果

1　各世代の球の半径の逆数和

　外球の半径を $R = 10$ に固定し、核球の半径を r_1, r_2 とする。一般に、核球の半径の組 $\{r_1, r_2\}$ が与えられた時、第1世代の6個の球の半径の組 $\{s_1, s_2, s_3, s_4, s_5, s_6\}$ は無数に存在する。これは、1つの球 S_1 の位置の決め方には自由度があり、残りの5個の球の半径はこれに依存して決定されるからである。しかし、異なる半径の組に対しても、計算された T_n（$2 \leqq n \leqq 6$）の値に変化はなかった。使用した計算機は、VAIO S11（Intel® Core™ i7-6500U 2.50GHz, メモリ 8GB）であり、**表1**の数値は小数第2位を四捨五入したものである。

　表1のデータ(1)より、$2 \leqq n \leqq 6$ において T_n の値は予想されたとおり $1/r_1 + 1/r_2$ の値のみに依存することが確かめられる。**図6**は、データ(1)およびデータ(2)の数値を各世代ごとに、横軸に $1/r_1 + 1/r_2$、縦軸に T_n をとり、グラフ化したものである。

表1　出力結果

	$\{r_1, r_2\}$	$1/r_1 + 1/r_2$	T_1	T_2	T_3	T_4	T_5	T_6
データ(1)	$\{3, 6\}$	$1/2$	2.4	32.4	487.8	7696.8	123640.2	1999540.8
	$\{4, 4\}$	$1/2$	2.4	32.4	487.8	7696.8	123640.2	1999540.8
	$\{10/3, 5\}$	$1/2$	2.4	32.4	487.8	7696.8	123640.2	1999540.8
データ(2)	$\{2, 3\}$	$5/6$	4.4	64.4	1005.8	16104.8	260154.2	4216068.8
	$\{1, 7\}$	$8/7$	6.3	94.1	1486.8	23912.2	386917.2	6274273.4
	$\{2, 8\}$	$5/8$	3.2	44.4	682.1	10849.8	174833.0	2830738.8
	$\{5, 5\}$	$2/5$	1.8	22.8	332.4	5174.4	82686.0	1334582.4
	$\{6, 2\}$	$2/3$	3.4	48.4	746.8	11900.8	191897.2	3107804.8

　図6のグラフより、$2 \leqq n \leqq 6$ において T_n の値は、$n=1$ の時と同様に $1/r_1 + 1/r_2$ に関する1次関数で表わされることが予想され、データから計算される係数は以下のようになる。各世代の球の半径の逆数和が、$1/r_1 + 1/r_2$ と $1/R$ の整数係数の1次関数で表わされるという結果は非常に興味深い。

$$T_1 = 6\left(\frac{1}{r_1} + \frac{1}{r_2}\right) - 6\,\frac{1}{R}, \quad T_2 = 96\left(\frac{1}{r_1} + \frac{1}{r_2}\right) - 156\,\frac{1}{R},$$

$$T_3 = 1554\left(\frac{1}{r_1} + \frac{1}{r_2}\right) - 2892\,\frac{1}{R}, \quad T_4 = 25224\left(\frac{1}{r_1} + \frac{1}{r_2}\right) - 49152\,\frac{1}{R},$$

$$T_5 = 409542\left(\frac{1}{r_1} + \frac{1}{r_2}\right) - 811308\,\frac{1}{R}, \quad T_6 = 6649584\left(\frac{1}{r_1} + \frac{1}{r_2}\right) - 13252512\,\frac{1}{R}$$

2　T_n に関する予想

　さらに、これらの式は、第 n 世代の hexlet に属する球の個数である 6^n を用いた、以下の美しい形に変形でき、第1世代の hexlet で成り立つ性質②を拡張した、次の予想を得る。

$$T_1 = 6\left(\frac{1}{r_1} + \frac{1}{r_2} - \frac{2}{R}\right) + \frac{6}{R}, \quad T_2 = 96\left(\frac{1}{r_1} + \frac{1}{r_2} - \frac{2}{R}\right) + \frac{6^2}{R},$$

$$T_3 = 1554\left(\frac{1}{r_1} + \frac{1}{r_2} - \frac{2}{R}\right) + \frac{6^3}{R}, \quad T_4 = 25224\left(\frac{1}{r_1} + \frac{1}{r_2} - \frac{2}{R}\right) + \frac{6^4}{R},$$

$$T_5 = 409542\left(\frac{1}{r_1} + \frac{1}{r_2} - \frac{2}{R}\right) + \frac{6^5}{R}, \quad T_6 = 6649584\left(\frac{1}{r_1} + \frac{1}{r_2} - \frac{2}{R}\right) + \frac{6^6}{R}$$

【予想】

　　外球の半径を R、核球の半径を r_1, r_2 とすると、T_n は、ある数列 $\{p_n\}$ を用いて、

$$T_n = p_n\left(\frac{1}{r_1} + \frac{1}{r_2} - \frac{2}{R}\right) + \frac{6^n}{R}$$

の形に表わされる。

　　ここで、$\{p_n\} = \{6, 96, 1554, 25224, 409542, 6649584, \cdots\}$ である。

　　本研究では、この予想を証明し、数列 $\{p_n\}$ の一般項を求める。な

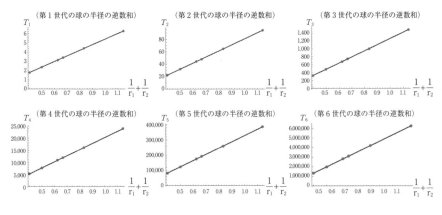

図6　$\dfrac{1}{r_1}+\dfrac{1}{r_2}$と T_n（$1 \leqq n \leqq 6$）の関係

お、本研究で述べるいくつかの定理や補題については、紙数の都合で
証明の概要を述べるにとどめる。

考　察

　六球連鎖の考察には、空間での反転[3] を用いる。反転とは、空間内の点
P に対して、反転の中心を M、反転の半径を ρ とする時、半直線 MP 上に
ありかつ $\mathrm{MP} \cdot \mathrm{MP'} = \rho^2$ をみたす点 P′ を対応させる写像である。中心が C、
半径が r の球を考えると、前研究[1] の結果より、上記の反転による球 C の
像は以下のようになる。

(1) 球 C が M を通る時、その像は、$\overrightarrow{\mathrm{MA}} = \rho^2/(2r^2) \cdot \overrightarrow{\mathrm{MC}}$ を満たす点 A を
　　通り $\overrightarrow{\mathrm{MC}}$ に垂直な平面であり、MC=r より、M とこの平面との距離
　　は、$\mathrm{MA} = \rho^2/(2r)$ である。

(2) 球 C が M を通らない時、その像は、$\overrightarrow{\mathrm{MC'}} = \rho^2/(\mathrm{MC}^2 - r^2) \cdot \overrightarrow{\mathrm{MC}}$ を満た
　　す点 C′ を中心とし、半径が $r' = \rho^2 r/|\mathrm{MC}^2 - r^2|$ の球である。ただし、
　　本研究では、球が M を内部に含むことはないので、$\mathrm{MC}^2 - r^2 > 0$ であ
　　る。

　Soddy の六球連鎖の定理の主張①は、**図7**のように、1 つの核球 C_1 と外球 C の接点 M を中心とした反転を行うことにより証明することができる。

　図 7 の 2 つの球 S_1, S_4 と核球 C_2 の像は、この反転により一直線上に並ぶ。これを利用して、半径の逆数和 $1/s_1 + 1/s_4$ を r_1, r_2, R を用いて表わすことができ、次の定理 1 を得る。

【定理 1】（Frederick Soddy, 1937）

　　外球 C の半径を R、2 つの核球 C_1, C_2 の半径をそれぞれ r_1, r_2、これらの核球に対して生成される六球連鎖の球を順に S_1, S_2, S_3, S_4, S_5, S_6 とし、それらの半径を s_1, s_2, s_3, s_4, s_5, s_6 とすると、次が成り立つ。

$$\frac{1}{s_1} + \frac{1}{s_4} = \frac{1}{s_2} + \frac{1}{s_5} = \frac{1}{s_3} + \frac{1}{s_6} = 2\left(\frac{1}{r_1} + \frac{1}{r_2} - \frac{1}{R}\right)$$

（証明略）

1　定理 1 から得られる結果

　定理 1 からただちに、本研究の予想の n＝1 および n＝2 の場合を証明することができる。まず、定理 1 で得られた 3 つの等式の辺々を加えて、T_1 を得る。

【系 1-1】

$$T_1 = 6\left(\frac{1}{r_1} + \frac{1}{r_2} - \frac{1}{R}\right) = 6\left(\frac{1}{r_1} + \frac{1}{r_2} - \frac{2}{R}\right) + \frac{6}{R}$$

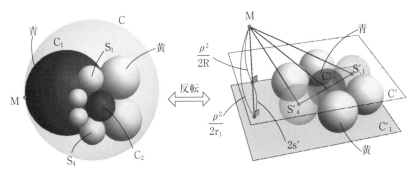

図 7　核球と外球の接点 M を中心とした第 1 世代の hexlet の反転

定理1は、反転後に一直線上に並ぶ3つの球について、両端の球の反転前の半径の逆数和が、中央の球と平面に移った球の半径の逆数和で表わされることを示している。次に、これを利用して T_1 から T_2 を計算する。

【系 1-2】

$$T_2 = 96\left(\frac{1}{r_1} + \frac{1}{r_2} - \frac{2}{R}\right) + \frac{6^2}{R}$$

（証明）

まず、第1世代の任意の球 S_1 を取り出し、S_1 に接する第2世代の球 $D_1, \cdots, D_{10}$ の半径の逆数和を考える。S_1 と外球の接点を中心とする反転を行うと、**図8**のように、S_1 と外球は平行な2平面に移り、S_1 に接する球はすべてこれらの2平面に挟まれる等半径の球に移る。なお、図8では、反転後の球の記号も反転前と同じものを用いている。S_1, S_2, S_3 の半径を s_1, s_2, s_3 とし、$D_1, \cdots, D_{10}$ の半径を $d_1, \cdots, d_{10}$ とすると、定理1より、反転前の球の半径について、次の6つの式が成り立つ。

$$\frac{1}{d_1} + \frac{1}{d_3} = 2\left(\frac{1}{s_1} + \frac{1}{d_2} - \frac{1}{R}\right), \quad \frac{1}{d_1} + \frac{1}{d_9} = 2\left(\frac{1}{s_1} + \frac{1}{d_{10}} - \frac{1}{R}\right),$$

$$\frac{1}{d_6} + \frac{1}{d_4} = 2\left(\frac{1}{s_1} + \frac{1}{d_5} - \frac{1}{R}\right), \quad \frac{1}{d_6} + \frac{1}{d_8} = 2\left(\frac{1}{s_1} + \frac{1}{d_7} - \frac{1}{R}\right),$$

$$\frac{1}{d_2} + \frac{1}{d_5} = 2\left(\frac{1}{s_1} + \frac{1}{s_3} - \frac{1}{R}\right), \quad \frac{1}{d_{10}} + \frac{1}{d_7} = 2\left(\frac{1}{s_1} + \frac{1}{s_2} - \frac{1}{R}\right)$$

これらの式の辺々を加えて,

$$\sum_{k=1}^{10} \frac{1}{d_k} + \left(\frac{1}{d_1} + \frac{1}{d_6}\right) = 2\left\{10\left(\frac{1}{s_1} - \frac{1}{R}\right) + 3\left(\frac{1}{s_2} + \frac{1}{s_3}\right)\right\} \quad \cdots ③ \quad を得る。$$

第1世代の6つの球すべてについて③式の和を取ると、D_1, D_6 以外の球はすべて2度ずつ出現し、D_1, D_6 は③式の左辺において半径の逆数が2度足されているので、その合計は $2T_2$ になる。また、S_1 が第1世代の球すべてを渡るとき、S_1 に外接する2つの球 S_2, S_3 もそれぞれ第1世代の球すべてを渡る。よって、以下の式が成り立つ。

$$T_2 = \frac{1}{2} \sum_{S_1 \in \boldsymbol{H}[1]} 2\left\{10\left(\frac{1}{s_1} - \frac{1}{R}\right) + 3\left(\frac{1}{s_2} + \frac{1}{s_3}\right)\right\} = 10\left(T_1 - 6\frac{1}{R}\right) + 3(T_1 + T_1)$$

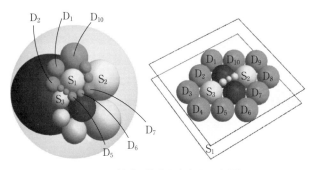

図8　S_1 と外球の接点を中心とした反転

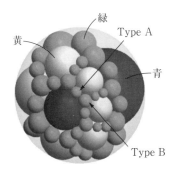

図9　球の2種類のタイプ

$$= 16T_1 - \frac{60}{R} = 16\left\{6\left(\frac{1}{r_1} + \frac{1}{r_2} - \frac{2}{R}\right) + \frac{6}{R}\right\} - \frac{60}{R} = 96\left(\frac{1}{r_1} + \frac{1}{r_2} - \frac{2}{R}\right) + \frac{6^2}{R}$$

（証明終）

2　球のタイプを6種類に分類

　系1-2の証明で用いた手法を、$n \geq 2$ の時に T_n から T_{n+1} を求めるステップにそのまま適用することはできない。前研究[1] では、**図9**が示すように、$H[n]$ には、以下で定義される2種類のタイプの球があることを示した。

　　Type A：第 $n-1$ 世代以前の互いに接する2つの球に接する球

　　Type B：第 $n-1$ 世代以前の互いに接する3つの球に接する球

　図 10 は、前研究[1] で示した図である。$S_1 \in \boldsymbol{H}[n]$ に対して、S_1 と外球の接点を中心とした反転を行うと、S_1 と外球は平行な 2 平面に移り、S_1 に接する球はこの 2 平面に挟まれる等半径の球に移される。特に、S_1 に接する第 n+1 世代の球は、S_1 と既存の球を核球とする六球連鎖を補う形で生成されるため、S_1 が Type A であるか Type B であるかによって、それぞれ図の赤色の球のように並ぶ。A、B の文字は、球のタイプを表している。以下、この図を「S_1 を中心とする反転図」と呼ぶ。反転図では、外球が表す平面は省略している。

【定義 2】

　　$S_1 \in \boldsymbol{H}[n]$ とするとき、S_1 に接する第 n 世代の球（S_1 と同世代の球）を「S_1 の隣接球」と呼ぶ。

　前研究[1] では、S_1 の隣接球は、S_1 が Type A のときは 2 個あり、S_1 がType B のときは 3 個あることを示した。反転図では、S_2, S_3, S_4 が S_1 の隣接球を表しており、灰色の球は、第 n−1 世代以前の球を表している。

　図 10 のように、S_1 のタイプによって第 n+1 世代の球の並びが異なるので、それらの半径の逆数和を系 1-2 の証明の③式のように一律に計算することはできない。また、③式が示すように S_1 に接する第 n+1 世代の球の半径の逆数和は、S_1 だけでなくその隣接球 S_2, S_3, S_4 の半径にも依存する。したがって、これらが Type A であるか Type B であるかによっても、帰納的に計算で利用できる第 n 世代の球の半径の逆数和の値は異なる。そこ

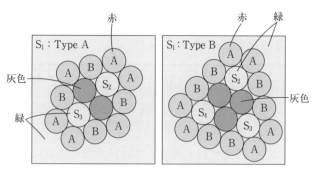

図 10　S_1 を中心とする反転図

で、S_1 のタイプを S_2, S_3, S_4 のタイプによってさらに細かく分類する必要がある。

【定義 3】

第 n 世代の Type A、Type B の球の集合をそれぞれ A [n], B [n] とする。$S_1 \in A$ [n] のときは、S_1 の隣接球を S_2, S_3 で表わし、$S_1 \in B$ [n] のときは、S_2, S_3, S_4 で表わす。S_2, S_3, S_4 のタイプによって、以下のように A [n], B [n] をそれぞれ 3 つの集合に細分し、これらに属する球のタイプをそれぞれ Type A_1, Type A_2, Type A_3, Type B_1, Type B_2, Type B_3 と呼ぶことにする。

$$
\begin{cases}
A_1 [n] = \{ S_1 \in A\ [n] \mid S_2 \in A\ [n], S_3 \in A\ [n] \} \\
A_2 [n] = \{ S_1 \in A\ [n] \mid S_2 \in A\ [n], S_3 \in B\ [n] \} \\
A_3 [n] = \{ S_1 \in A\ [n] \mid S_2 \in B\ [n], S_3 \in B\ [n] \}
\end{cases}
$$

$$
\begin{cases}
B_1 [n] = \{ S_1 \in B\ [n] \mid S_2 \in A\ [n], S_3 \in A\ [n], S_4 \in A\ [n] \} \\
B_2 [n] = \{ S_1 \in B\ [n] \mid S_2 \in A\ [n], S_3 \in A\ [n], S_4 \in B\ [n] \} \\
B_3 [n] = \{ S_1 \in B\ [n] \mid S_2 \in A\ [n], S_3 \in B\ [n], S_4 \in B\ [n] \}
\end{cases}
$$

なお、図 10 からわかるように、第 2 世代以降に生成される Type A の球は、少なくとも 1 つの Type B の球と接するので、Type A_1 の球は第 1 世代の 6 個の球のみである。同様に、第 2 世代以降に生成される Type B の球も、少なくとも 1 つの同世代の Type A の球と接しており、$S_1 \in B$ [n] の時、隣接球 S_2, S_3, S_4 のタイプがすべて Type B となることはない。よって、タイプの細分は上の 6 種類になる。

3　S_1 に接する第 n + 1 世代の球のタイプ

次に、$S_1 \in H$ [n] がそれぞれ上の 6 つのタイプの球のとき、S_1 に接する第 n + 1 世代の球のタイプを調べる。一般に、第 n 世代の hexlet における球の大きさや配置は、核球の大きさや第 1 世代の hexlet の球の位置に依存するが、1 つの核球と外球の接点を中心とする反転を行うと、どのような hexlet もすべて**図 11** のように規則正しい球の配置に変換される。反転に

よって球の接触関係は保持されるので、hexlet の球の接触関係を調べるには、この反転後の hexlet を見るのがわかりやすい。

図12 は、第2世代と第3世代の hexlet を、球のタイプ別に色分けして合わせて表示したものである。ここでは、第2世代の hexlet における Type A_2 と Type B_1 の球に着目し、その周りに接する第3世代の球のタイプを調べている。最右図は、着目した球を中心とする反転図にその結果をまとめたものである。他の世代についても調べると、B と表示された球のタイプは、世代によって Type B_1, Type B_2, Type B_3 のいずれにもなり得るが、それ以外の球のタイプは確定している。

上と同様にして、$S_1 \in \boldsymbol{H}[n]$ が他のタイプの球のときも、それに接する第 $n+1$ 世代の球のタイプを知ることができ、次の補題1を得る。なお、補題1の証明は上記考察のような図から見てとれる情報を用いるのではなく、タイプの定義3から厳密に行うことができる。

たとえば、Type A の球の隣接球は2個であり、第2世代以降はそれらが A、B ならば Type A_2 で、B、B ならば Type A_3 である。したがって、$S_1 \in \boldsymbol{A}[n]$ から生み出される第 $n+1$ 世代の Type A の球は A_2 または A_3（図13 の①〜③）、$S_1 \in \boldsymbol{B}[n]$ から生み出される Type A の球は A_2 のみ（図13 の④〜⑥）である。第 $n+1$ 世代の Type B の球や S_1 の隣接球のタイプもやや複雑になるが、同様の考察により証明することができる。

【補題1】

$S_1 \in \boldsymbol{H}[n]$ の周りに接する第 $n+1$ 世代の球のタイプは、S_1 の6種類のタイプ別に図13 のようになる。赤色の球が第 $n+1$ 世代の球、緑色の球が S_1 の隣接球、灰色の球は第 $n-1$ 世代以前の球である。

また、S_1 の隣接球のタイプも青色の文字で表示している。ただし、タイプが B と表示されている球は、Type B_1, Type B_2, Type B_3 のいずれかであり、B_{12} は、Type B_1, Type B_2 のいずれか、B_{23} は、Type B_2, Type B_3 のいずれかであることを表している。

(証明略)

4　第 n 世代の球の個数

次に、補題1を基に第 n 世代の球の個数を6種類のタイプ別に求める。

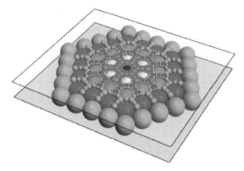

図11　1つの核球と外球の接点を中心とする第4世代までの hexlet の反転

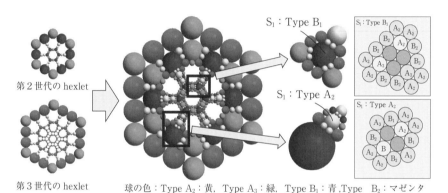

第2世代の hexlet

第3世代の hexlet

S_1：Type B_1

S_1：Type A_2

球の色：Type A_2：黄，Type A_3：緑，Type B_1：青,Type　B_2：マゼンタ

図12　第2世代の球に接する第3世代の球のタイプ

たとえば、第 n+1 世代の Type B_2 の球は、図13を見ると、第 n 世代の Type A_2, A_3, B_1, B_2, B_3 の球からそれぞれ 2、4、6、4、2 個生み出されるが、これらはもう1つの第 n 世代の球に接しており2度計算され、実際の個数はその半分になる。このように、第 n+1 世代の Type A_3 以外の球は、すべて2度数えられることに注意すると、球の個数に関して以下の漸化式を得る。

【定義4】

　　　第 n 世代の Type A_k, Type B_k （k=1, 2, 3）の球の個数をそれぞれ $a_k(n)$, $b_k(n)$ （k=1, 2, 3）で表わす。

　　　また、$a_1(n)+a_2(n)+a_3(n)=a(n)$, $b_1(n)+b_2(n)+b_3(n)=b(n)$ で表わす。

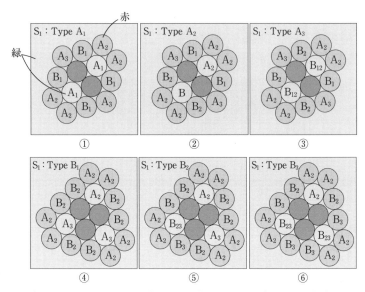

図13　第n世代の球 S_1 に接する第 $n+1$ 世代の球のタイプと S_1 の隣接球のタイプ

n＝1のとき、$a_1(1)=6, a_2(1)=a_3(1)=b_1(1)=b_2(1)=b_3(1)=0$

$$n \geqq 1 のとき、\begin{cases} a_1(n+1)=0 \\ a_2(n+1)=2a_1(n)+2a_2(n)+2a_3(n)+3b_1(n)+3b_2(n)+3b_3(n) \\ a_3(n+1)=2a_1(n)+2a_2(n)+2a_3(n) \\ b_1(n+1)=2a_1(n)+a_2(n) \\ b_2(n+1)=a_2(n)+2a_3(n)+3b_1(n)+2b_2(n)+b_3(n) \\ b_3(n+1)=b_2(n)+2b_3(n) \end{cases}$$

前研究[1] で得られた結果 $a(n)=(3 \cdot 6^n+12)/5, b(n)=(2 \cdot 6^n-12)/5$ を利用すると、上の漸化式を解くことができ、次の定理2を得る。

【定理2】

n＝1のとき、

$\{a_1(1), a_2(1), a_3(1), b_1(1), b_2(1), b_3(1)\}$

$=\{6, 0, 0, 0, 0, 0\}$

n＝2のとき、

$\{\, a_1(2),\, a_2(2),\, a_3(2),\, b_1(2),\, b_2(2),\, b_3(2)\, \}$

$=\{\, 0,\, 12,\, 12,\, 12,\, 0,\, 0\, \}$

$n \geqq 3$ のとき、$\{\, a_1(n),\, a_2(n),\, a_3(n),\, b_1(n),\, b_2(n),\, b_3(n)\, \}$

$$= \left\{\, 0,\, \frac{2 \cdot 6^n - 12}{5},\, \frac{6^n + 24}{5},\, \frac{2 \cdot 6^{n-1} - 12}{5},\, \frac{8 \cdot 6^{n-1} + 72}{5},\, \frac{2 \cdot 6^{n-1} - 72}{5} \right\}$$

（証明略）

5　球のタイプ別半径の逆数和

　次に、$S_1 \in \boldsymbol{H}\,[n]$ に接する第 $n+1$ 世代の球の半径の逆数和を 6 種類の
タイプ別に計算する。S_1 の隣接球は高々 3 個あるので、以下これらを S_2,
S_3, S_4 などで表わし、球 S_k の半径はその小文字 s_k で表わす。

【定義5】

　　P、Q を球のタイプとし、第 n 世代の Type P の球の集合を $\boldsymbol{P}\,[n]$
とする。$S_1 \in \boldsymbol{P}\,[n]$ のとき、S_1 に接する第 $n+1$ 世代の Type Q の球
の半径の逆数和を $Q(S_1 \in \boldsymbol{P}\,[n])$ で表わす。たとえば、$A_2(S_1 \in \boldsymbol{B}_1$
$[n])$ は、S_1 が Type B_1 のとき、S_1 に接する第 $n+1$ 世代の Type A_2
の球の半径の逆数和を表す。

　このとき、定理 1 および補題 1 を用いて、次の補題 2 が得られる。

【補題2】

(1)　$A_2(S_1 \in \boldsymbol{A}_1\,[n]) = A_2(S_1 \in \boldsymbol{A}_2\,[n]) = A_2(S_1 \in \boldsymbol{A}_3\,[n])$

$$= 2 \left\{ 5 \left(\frac{1}{s_1} - \frac{1}{R} \right) + \left(\frac{1}{s_2} + \frac{1}{s_3} \right) \right\},$$

　　　$A_2(S_1 \in \boldsymbol{B}_1\,[n]) = A_2(S_1 \in \boldsymbol{B}_2\,[n]) = A_2(S_1 \in \boldsymbol{B}_3\,[n])$

$$= 2 \left\{ 9 \left(\frac{1}{s_1} - \frac{1}{R} \right) + \left(\frac{1}{s_2} + \frac{1}{s_3} + \frac{1}{s_4} \right) \right\}$$

(2)　$A_3(S_1 \in \boldsymbol{A}_1\,[n]) = A_3(S_1 \in \boldsymbol{A}_2\,[n]) = A_3(S_1 \in \boldsymbol{A}_3\,[n])$

$$= 3 \left(\frac{1}{s_1} - \frac{1}{R} \right) + \left(\frac{1}{s_2} + \frac{1}{s_3} \right)$$

(3)　$B_1(S_1 \in \boldsymbol{A}_1\,[n]) = 2 \left\{ 2 \left(\frac{1}{s_1} - \frac{1}{R} \right) + \left(\frac{1}{s_2} + \frac{1}{s_3} \right) \right\},$

$$B_1(S_1 \in \boldsymbol{A}_2\,[\text{n}]) = 2\left\{\left(\frac{1}{s_1} - \frac{1}{R}\right) + \frac{1}{s_2}\right\} (S_2 \in \boldsymbol{A}\,[\text{n}])$$

(4) $\quad B_2(S_1 \in \boldsymbol{A}_2\,[\text{n}]) = 2\left\{\left(\frac{1}{s_1} - \frac{1}{R}\right) + \frac{1}{s_3}\right\} (S_3 \in \boldsymbol{B}\,[\text{n}]),$

$$B_2(S_1 \in \boldsymbol{A}_3\,[\text{n}]) = 2\left\{2\left(\frac{1}{s_1} - \frac{1}{R}\right) + \left(\frac{1}{s_2} + \frac{1}{s_3}\right)\right\},$$

$$B_2(S_1 \in \boldsymbol{B}_1\,[\text{n}]) = 2\left\{3\left(\frac{1}{s_1} - \frac{1}{R}\right) + \left(\frac{1}{s_2} + \frac{1}{s_3} + \frac{1}{s_4}\right)\right\},$$

$$B_2(S_1 \in \boldsymbol{B}_2\,[\text{n}]) = 2\left\{2\left(\frac{1}{s_1} - \frac{1}{R}\right) + \left(\frac{1}{s_2} + \frac{1}{s_4}\right)\right\} (S_2, S_4 \in \boldsymbol{A}\,[\text{n}]),$$

$$B_2(S_1 \in \boldsymbol{B}_3\,[\text{n}]) = 2\left\{\left(\frac{1}{s_1} - \frac{1}{R}\right) + \frac{1}{s_2}\right\} (S_2 \in \boldsymbol{A}\,[\text{n}])$$

(5) $\quad B_3(S_1 \in \boldsymbol{B}_2\,[\text{n}]) = 2\left\{\left(\frac{1}{s_1} - \frac{1}{R}\right) + \frac{1}{s_3}\right\} (S_3 \in \boldsymbol{B}\,[\text{n}]),$

$$B_3(S_1 \in \boldsymbol{B}_3\,[\text{n}]) = 2\left\{2\left(\frac{1}{s_1} - \frac{1}{R}\right) + \left(\frac{1}{s_3} + \frac{1}{s_4}\right)\right\} (S_3, S_4 \in \boldsymbol{B}\,[\text{n}])$$

（証明略）

　補題2は、S_1 に接する第 n + 1 世代の球に対して、タイプごとに定理1を適用して半径の逆数和を計算することにより証明できる。**図14** は S_1 を中心とする反転図であり、小文字はそれぞれの球の反転前の半径を表している。たとえば、$S_1 \in \boldsymbol{A}_1\,[\text{n}]$ に接する Type B_1 の球の半径の逆数和は、以下のように計算できる。

$$B_1(S_1 \in \boldsymbol{A}_1\,[\text{n}]) = \left(\frac{1}{t_2} + \frac{1}{t_5}\right) + \left(\frac{1}{t_7} + \frac{1}{t_{10}}\right) = 2\left(\frac{1}{s_1} + \frac{1}{s_3} - \frac{1}{R}\right) + 2\left(\frac{1}{s_1} + \frac{1}{s_2} - \frac{1}{R}\right)$$

$$= 2\left\{2\left(\frac{1}{s_1} - \frac{1}{R}\right) + \left(\frac{1}{s_2} + \frac{1}{s_3}\right)\right\}$$

6 　半径の逆数和に関する漸化式

　次に、6種類の球のタイプごとに、半径の逆数和に関する漸化式を導くことを考える。

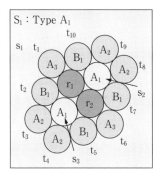

図 14　$S_1 \in A_1$ [n] に接する第 n + 1 世代の球

【定義 6】

第 n 世代の Type A_k, Type B_k（k = 1, 2, 3）の球の半径の逆数和を
それぞれ $A_k(n)$, $B_k(n)$（k = 1, 2, 3）で表わす。

たとえば、第 n + 1 世代の Type A_2 の球の半径の逆数和 $A_2(n+1)$ を求
めるには、S_1 がすべての球を渡るとき、補題 2（1）から得られる S_1 のタ
イプ別に計算された和を合算すればよい。

$$A_2(n+1) = \sum_{S_1 \in A[n]} \left\{ 5\left(\frac{1}{s_1} - \frac{1}{R}\right) + \left(\frac{1}{s_2} + \frac{1}{s_3}\right) \right\} + \sum_{S_1 \in B[n]} \left\{ 9\left(\frac{1}{s_1} - \frac{1}{R}\right) + \left(\frac{1}{s_2} + \frac{1}{s_3} + \frac{1}{s_4}\right) \right\}$$

$$\cdots ④$$

ただし、第 n + 1 世代の Type A_3 以外の球は、第 n 世代の異なる 2 個の
球に接しているので、2 回計算されるため、中括弧の前の係数 2 を取り去
っている。実際の計算では、S_1 が 6 種類あるどのタイプの球の集合を渡る
かによって、その隣接球 S_2, S_3, S_4 が渡る集合も異なる。そこで、次に S_1 の
隣接球の集合について考察する。

【定義 7】

P⊂**H**[n] とするとき、P の要素の隣接球の集合を Adjacent [P]
で表わし、「集合 P の隣接球の集合」と呼ぶ。すなわち、Adjacent [P]
= {S∈**H**[n] | ∃S′∈P, S は S′ の隣接球} である。ただし、
Adjacent [P] は要素の重複を許した多重集合とし、S が集合 P の異な
る 2 つの球の隣接球である場合は、S を 2 個含むものとする。

　補題1を用いると、$\boldsymbol{A}$[n], $\boldsymbol{B}$[n] の隣接球の集合を求めることができる。以下、記号⊕は、集合の直和を表わすものとし、同じ集合Pのk個の直和は、単にkPで表わす。

　補題1の図13①, ②, ④, ⑤, ⑥を見ると、S_1 が Type A_1, A_2, B_1, B_2, B_3 の球のとき、その隣接球には少なくとも1つの Type A の球が含まれる。したがって、Type A_1, A_2, B_1, B_2, B_3 の球はすべて Adjacent [$\boldsymbol{A}$[n]] の要素である。また、これらの球の Type A の隣接球の個数は順に、2, 1, 3, 2, 1 個であり、これが Adjacent [$\boldsymbol{A}$[n]] における重複度になる。

　よって、Adjacent [$\boldsymbol{A}$[n]]=2 $\boldsymbol{A}_1$[n]⊕ $\boldsymbol{A}_2$[n]⊕ 3 $\boldsymbol{B}_1$[n]⊕ $\boldsymbol{B}_2$[n]⊕ $\boldsymbol{B}_3$[n] が成り立つ。同様の考察により、Adjacent [$\boldsymbol{B}$[n]] も導かれ、以下の補題3が得られる。

【補題3】

(1) Adjacent [$\boldsymbol{A}$[n]]=2 $\boldsymbol{A}_1$[n]⊕ $\boldsymbol{A}_2$[n]⊕ 3 $\boldsymbol{B}_1$[n]⊕ 2 $\boldsymbol{B}_2$[n]⊕ $\boldsymbol{B}_3$[n]

(2) Adjacent [$\boldsymbol{B}$[n]]=$\boldsymbol{A}_2$[n]⊕ 2 $\boldsymbol{A}_3$[n]⊕ $\boldsymbol{B}_2$[n]⊕ 2 $\boldsymbol{B}_3$[n]

（証明略）

　補題3を用いることにより、④式の右辺を具体的に計算することができ、$A_2(n+1)$ を求めることができる。

$$
\begin{aligned}
A_2(n+1) = &\left\{ 5\Big((A_1(n) + A_2(n) + A_3(n)) - (a_1(n) + a_2(n) + a_3(n)) \frac{1}{R} \Big)\right. \\
&\left. + (2A_1(n) + A_2(n) + 3B_1(n) + 2B_2(n) + B_3(n)) \right\} \\
&+ \left\{ 9\Big((B_1(n) + B_2(n) + B_3(n)) - (b_1(n) + b_2(n) + b_3(n)) \frac{1}{R} \Big)\right. \\
&\left. + (A_2(n) + 2A_3(n) + B_2(n) + 2B_3(n)) \right\} \\
= &\, 7A_1(n) + 7A_2(n) + 7A_3(n) + 12B_1(n) + 12B_2(n) + 12B_3(n) \\
&- (5a_1(n) + 5a_2(n) + 5a_3(n) + 9b_1(n) + 9b_2(n) + 9b_3(n)) \frac{1}{R}
\end{aligned}
$$

　最後に、定理2を用いて$\frac{1}{R}$の係数を計算すれば $A_2(n+1)$ に関する漸化

式が得られる。以下同様にして、すべてのタイプの球の半径の逆数和に関する漸化式を計算することができ、次の定理 3 を得る。

【定理 3】

$$\{ A_1(1), A_2(1), A_3(1), B_1(1), B_2(1), B_3(1) \}$$

$$= \left\{ 6\left(\frac{1}{r_1} + \frac{1}{r_2}\right) - \frac{6}{R}, 0, 0, 0, 0, 0 \right\}$$

$$\{ A_1(2), A_2(2), A_3(2), B_1(2), B_2(2), B_3(2) \}$$

$$= \left\{ 0, 42\left(\frac{1}{r_1} + \frac{1}{r_2}\right) - \frac{72}{R}, 30\left(\frac{1}{r_1} + \frac{1}{r_2}\right) - \frac{48}{R}, 24\left(\frac{1}{r_1} + \frac{1}{r_2}\right) - \frac{36}{R}, 0, 0 \right\}$$

$n \geqq 2$ のとき、

$$A_1(n+1) = 0$$

$$A_2(n+1) = 7A_1(n) + 7A_2(n) + 7A_3(n)$$
$$+ 12B_1(n) + 12B_2(n) + 12B_3(n)$$
$$- \frac{3(11 \cdot 6^n - 16)}{5} \cdot \frac{1}{R}$$

$$A_3(n+1) = 5A_1(n) + 4A_2(n) + 3A_3(n)$$
$$+ 3B_1(n) + 2B_2(n) + B_3(n)$$
$$- \frac{9(6^n + 4)}{5} \cdot \frac{1}{R}$$

$$B_1(n+1) = 4A_1(n) + 2A_2(n) - \frac{2(6^n - 6)}{5} \cdot \frac{1}{R}$$

$$B_2(n+1) = 2A_2(n) + 4A_3(n)$$
$$+ 6B_1(n) + 4B_2(n) + 2B_3(n)$$
$$- \frac{8(6^n + 9)}{5} \cdot \frac{1}{R}$$

$$B_3(n+1) = 2B_2(n) + 4B_3(n) - \frac{2(6^n - 36)}{5} \cdot \frac{1}{R}$$

（証明略）

定理 3 を用いると、数学的帰納法を用いて、次の補題 4 を証明することができる。

【補題4】

　　各タイプ別の球の半径の逆数和は、核球の半径の逆数和と外球の半径
の逆数和の1次式で表わせる。すなわち、数列 $\{u_n\}$, $\{v_n\}$, $\{w_n\}$, $\{x_n\}$,
$\{y_n\}$, $\{z_n\}$ および $\{U_n\}$, $\{V_n\}$, $\{W_n\}$, $\{X_n\}$, $\{Y_n\}$, $\{Z_n\}$ を用いて、

$$A_1(n) = u_n\left(\frac{1}{r_1}+\frac{1}{r_2}\right) - U_n\frac{1}{R}, \quad A_2(n) = v_n\left(\frac{1}{r_1}+\frac{1}{r_2}\right) - V_n\frac{1}{R},$$

$$A_3(n) = w_n\left(\frac{1}{r_1}+\frac{1}{r_2}\right) - W_n\frac{1}{R}, \quad B_1(n) = x_n\left(\frac{1}{r_1}+\frac{1}{r_2}\right) - X_n\frac{1}{R},$$

$$B_2(n) = y_n\left(\frac{1}{r_1}+\frac{1}{r_2}\right) - Y_n\frac{1}{R}, \quad B_3(n) = z_n\left(\frac{1}{r_1}+\frac{1}{r_2}\right) - Z_n\frac{1}{R}$$

と表され、これらの数列は、以下の漸化式を満たす。

$$\{u_1, v_1, w_1, x_1, y_1, z_1\} = \{6, 0, 0, 0, 0, 0\}$$

$$n \geqq 1 \text{ のとき、} \begin{cases} u_{n+1} = 0 \\ v_{n+1} = 7u_n + 7v_n + 7w_n + 12x_n + 12y_n + 12z_n \\ w_{n+1} = 5u_n + 4v_n + 3w_n + 3x_n + 2y_n + z_n \\ x_{n+1} = 4u_n + 2v_n \\ y_{n+1} = 2v_n + 4w_n + 6x_n + 4y_n + 2z_n \\ z_{n+1} = 2y_n + 4z_n \end{cases}$$

$$\{U_1, V_1, W_1, X_1, Y_1, Z_1\} = \{6, 0, 0, 0, 0, 0\},$$

$$\{U_2, V_2, W_2, X_2, Y_2, Z_2\} = \{0, 72, 48, 36, 0, 0\}$$

$$n \geqq 2 \text{ のとき、} \begin{cases} U_{n+1} = 0 \\[2mm] V_{n+1} = 7U_n + 7V_n + 7W_n + 12X_n + 12Y_n + 12Z_n + \dfrac{3(11 \cdot 6^n - 16)}{5} \\[2mm] W_{n+1} = 5U_n + 4V_n + 3W_n + 3X_n + 2Y_n + Z_n + \dfrac{9(6^n + 4)}{5} \\[2mm] X_{n+1} = 4U_n + 2V_n + \dfrac{2(6^n - 6)}{5} \\[2mm] Y_{n+1} = 2V_n + 4W_n + 6X_n + 4Y_n + 2Z_n + \dfrac{8(6^n + 9)}{5} \\[2mm] Z_{n+1} = 2Y_n + 4Z_n + \dfrac{2(6^n - 36)}{5} \end{cases}$$

（証明略）

7　最終定理

第 n 世代の球の半径の逆数和は、$T_n = A_1(n) + A_2(n) + A_3(n) + B_1(n) + B_2(n) + B_3(n)$ で求められるから、補題 4 で得られた数列を用いて、

$p_n = u_n + v_n + w_n + x_n + y_n + z_n$, $q_n = U_n + V_n + W_n + X_n + Y_n + Z_n$ と定義すれば、

$T_n = p_n \left(\dfrac{1}{r_1} + \dfrac{1}{r_2} \right) - q_n \dfrac{1}{R}$ と表わすことができる。また、補題 4 の 2 つの連立漸化式の類似性に着目すると、数列 $\{p_n\}$, $\{q_n\}$ の間に $q_n = 2p_n - 6^n$ という関係式が成り立つことを証明することができ、

$$T_n = p_n \left(\dfrac{1}{r_1} + \dfrac{1}{r_2} - \dfrac{2}{R} \right) + \dfrac{6^n}{R}$$

と表わされることがわかる。

さらに、数列 $\{p_n\}$ は、隣接 4 項間の漸化式 $p_{n+3} - 18p_{n+2} + 29p_{n+1} - 6p_n = 0$ を満たすことが示され、これを解くことによりその一般項を求めることができる。以上をまとめて、次の最終定理 4 を得る。

【定理4】

外球の半径を R、核球の半径を r_1, r_2 とすると、第 n 世代の球の半径の逆数和 T_n は、ある数列 $\{p_n\}$ を用いて、

$T_n = p_n\left(\dfrac{1}{r_1} + \dfrac{1}{r_2} - \dfrac{2}{R}\right) + \dfrac{6^n}{R}$ と表わされる。ここで、数列 $\{p_n\}$ の一般項は、3次方程式 $t^3 - 18t^2 + 29t - 6 = 0$ の3つの実数解を α, β, γ とすると、

$$p_n = \frac{6(\alpha - 2)\alpha^n}{(\alpha - \beta)(\alpha - \gamma)} + \frac{6(\beta - 2)\beta^n}{(\beta - \gamma)(\beta - \alpha)} + \frac{6(\gamma - 2)\gamma^n}{(\gamma - \alpha)(\gamma - \beta)}$$

で与えられ、$\{p_n\} = \{6, 96, 1554, 25224, 409542, 6649584, \cdots\}$ である。

(証明略)

結論および今後の課題

本研究は、Soddy の六球連鎖から出発し、それを自然な形で拡張した球の集合 **H**[n]（第 n 世代の hexlet）を定義し、前研究[1] に引き続き、その性質を考察したものである。Soddy の六球連鎖、すなわち、**H**[1] には、球の個数が常に6であるという性質と、球の半径の逆数和が核球と外球の半径を用いて $T_1 = 6\left(\dfrac{1}{r_1} + \dfrac{1}{r_2} - \dfrac{2}{R}\right) + \dfrac{6}{R}$ の形で表せるという性質がある。前研究[1] では、**H**[n] の球の個数が 6^n であることを示し、今研究では球の半径の逆数和が $T_n = p_n\left(\dfrac{1}{r_1} + \dfrac{1}{r_2} - \dfrac{2}{R}\right) + \dfrac{6^n}{R}$ という美しい式で表わされることを示し、数列 $\{p_n\}$ の一般項を明らかにした。これらはいずれも、**H**[n] において、**H**[1] が持つ性質がきれいに拡張されていることを示したものである。また、双方の式に 6^n が含まれることも非常に興味深く、**H**[n] という球の集合の奥の深さを感じる。Soddy の六球連鎖が持つ性質が、球の個数や半径の逆数和において、このようにきれいに拡張できることを示した先行研究はない。

　最後に今後の研究課題について述べる。*H*[1] では、6 個の球の中心が同一平面上の楕円軌道を描く。私たちは、この性質も何らかの形で *H*[n] に拡張できるのではないかと考えている。球の個数、球の半径の逆数和に引き続き、この一連の研究の締めくくりとして、球の中心の分布についても拡張できる性質を見い出し、ぜひ解明したいと思う。

〔謝　辞〕

　本研究を進めるにあたり、ご指導をいただいた SS 部数学班顧問の高橋英和先生に感謝いたします。

〔参考文献〕

1)　横濱、坂井、小島（2017）「（原題）Soddy の六球連鎖の拡張（未来の科学者との対話 16」p20–37 日刊工業新聞社（2017）

2)　Frederick Soddy「The bowl of integers andThe hexlet」Nature 139（1937）、77–79

3)　Charles Stanley Ogilvy「Excursions in Geometry」Dover Publications inc.（1990），60–72

●
大賞論文

受賞のコメント

受賞者のコメント

粘り強い努力の成果

●滋賀県立彦根東高等学校

SS 部　数学班　2 年　安済翔真

　この研究は、先輩方の研究成果に影響を受けて始めた。Soddy の六球連鎖を拡張した球の集合はとても美しく魅力的であるため、何か他にも興味深い性質があるかもしれないと思い実験を行った。その結果、各世代の球の半径の逆数を足し集めた値がきれいな式で表されることがわかりとても感動した。

　複雑な球の集合についても、簡潔な式が成り立つという不思議さに数学の奥深さを感じた。この研究の考察や論文の構成について、さまざまな指導をしてくださった顧問の高橋先生には本当に感謝をしている。この研究は粘り強く考察を重ね続けたからこそできたものだと思う。今後行う研究においても、困難に遭遇した際も諦めずに思考を続けながら、研究を進めていきたい。

指導教諭のコメント

数学の美しさに魅了されて

●滋賀県立彦根東高等学校　教諭　高橋英和

　本校では、2017 年から「Soddy の六球連鎖の拡張」に関する研究を続けている。六球連鎖を拡張した「第 n 世代の hexlet」と呼ぶ球の集合を定義し、その性質を明らかにする研究である。2017 年には、この集合に属する球の個数が 6^n 個であることを証明した。今研究では、球の半径の逆数和が、Soddy の定理を拡張した興味深い式で表わされることを示した。結果は単純で美しい一次関数であるが、その証明は困難を極め、最終的な結果を得るまでほぼ半年間の考察を要した。その間 2 人の生徒は、いくつもの壁に阻まれながらも、工夫を凝らした斬新なアイデアで乗り切り、粘り強く取り組むことで最後に大きな成果を掴むことができた。今回も数学の美しさに魅了された研究であった。

●
大賞論文

未来の科学者へ

これほどのものを書き上げたことに感心

　はじめに論文を読んだときに「これは大賞をとるのでは？」と思ったことをよく覚えている。それほどまでに本論文は高い完成度にまとまっており、どこかの論文雑誌に載っていても全くおかしくない。これほどのものを高校生が普段の学業の合間に書き上げたということに感心せざるを得ない。

　内容としては第 16 回コンテストの大賞論文を引き継いだものであり、1937 年に化学者 Soddy により得られたとある定理の拡張である。主定理の正確な主張を述べることは少し骨が折れるので、大雑把に書くと、与えられた球の中に一定のルールで球を繰り返し複数生成していく際の、それらの球の半径の逆数和が非常に美しい公式を持つというものである。この公式は簡単に想定できるものではないのだが、ここで前研究の成果で得られた計算アルゴリズムが活躍する。まさに研究成果を引き継ぎ最新の技術を用いたといえるわけだが、それを理解し使いこなすには相応の努力を要したことと思う。実際に論文を読んでみると、公式を予想するに至る過程の説明や図が大変わかりやすく、読み進めていく際の違和感が全くないため、いかに予想が自然なものといえるかを実感できるものとなっている。一般に、数学では「予想」と述べたいのであれば十分な根拠を提示しなければならない。本論文ではたしかに予想と呼ぶにふさわしいだけのデータが与えられており、納得がいく構成となっている。

　議論はとても複雑で枝分かれの激しい場合分けを丁寧に根気強く進めていくものとなっている。その困難に挫けることなく証明を成し遂げた際の感動は言葉にできないものがあったと思う。ここで得た経験を活かして、今後も活躍して欲しいと心から願っている。

（神奈川大学理学部　特別助教　小関　祥康）

優秀賞論文

● 優秀賞論文

チュウガタシロカネグモの
巧みな巣の建築法

（原題）チュウガタシロカネグモ（*Leucauge blanda*）は
発する糸を変えて機能的な巣を形成する

兵庫県立姫路東高等学校　科学部
３年　清川 貴文　久本 直毅　平田 涼　本間 涼華　桝本 貫太　山口 光輝
２年　赤瀬 彩香　池田 伊織　大隅 皓平　高瀬 健斗　中崎 恭佑
１年　岩本 澪治　奥見 啓史　安原 倭

研究の動機と目的

1　クモの糸の構造を解明する

　クモの糸に関する先行研究はたくさんある。しかし、それらはいずれも微視的レベルで糸の構造に注目した研究で、人間生活を豊かにする目的で活用しようとするものである。たとえば、電子顕微鏡などを用いて糸の分子構造を明らかにしたり（大崎，1996）、糸のフィブロイン分子の高次構造を解明したりする研究（朝倉・中澤，2006、朝倉，2007）がある。また、糸の化学成分が光や水の影響を受けてどのように変化するのかを解明したものや（北川ほか，1998）、糸のタンパク質合成機能を活用する研究（馬越ほか，1997）、さらに、その成果を基にして、クモの糸のタンパク質アミノ酸配列に類似したポリペプチド鎖を人工合成する研究（Tsuchiya and Numata, 2017）などもある。これらは、クモの糸の軽量でしなやかな性質を利用して、衣類の繊維や生物包帯、自動車の構造体など、糸の工業的活

用につなげようとするものである。

2　兵庫県立西脇高等学校生物部の先行研究

　一方で、クモの糸を光学顕微鏡レベルで観察し、その構造を明らかにしようとした研究はほとんどない。近年では唯一、兵庫県立西脇高等学校生物部の「クモの糸の構造と引っ張りの力に対する強度の関係（2018）」がある。彼らはその研究成果の中で、円網を作るクモは次のような特徴をもつ糸を出すことを示している。

①クモの種類によって縦糸を構成する糸の本数は異なり、数本の中心繊維のまわりに数本の糸が螺旋状に規則正しい振幅と波長で巻き付いている。この縦糸は、巣の強度を高める目的で張られている。

②横糸は螺旋構造を示さず、まっすぐな1本の繊維からなっており、強度は弱い。

③縦糸、横糸を問わず、糸にはそれぞれ規則正しい間隔で粘球を付着させている。

④糸には張られた時から粘球が付着しており、獲物がかかったときなどにクモが歩くことによって、自らの脚で粘球をからめとってしまっている。クモは縦糸の上を優先的に歩いているわけではないが、もともと強度を保障するための糸で、粘球が少ないために発見されにくい。

　私たちは兵庫県立西脇高等学校生物部と同様に、昨年度からクモの糸の構造に興味をもち、チュウガタシロカネグモの円網の研究を行ってきた。特に、完成された巣糸とともに、チュウガタシロカネグモが発した直後の糸にも着目して、観察を繰り返した。その結果は、糸の構造に関しても、粘球の有無に関しても、兵庫県立西脇高等学校生物部の結果とは異なるものであった。クモ類の糸の性質やその多様性に関する基礎研究は、クモ類の生態や進化の研究において注目されている（桝元，1998）。

　そこで、私たちの詳細な観察の結果から考察した、チュウガタシロカネグモの糸の特徴についてまとめることにした。

観察方法と結果

　本校内に生息するクモのほとんどは、チュウガタシロカネグモ（**図1**）であり、他にはごくわずかにコガネグモが見られるのみである。

　2019年5月中旬から8月中旬までの3カ月間、校内を詳しく調査し、さらに隣接する世界遺産の姫路城公園などでも調査したが、チュウガタシロカネグモ以外は発見することができなかった。そこで、チュウガタシロカネグモについて、30個体の巣の縦糸と横糸を採取し、さらにチュウガタシロカネグモ個体も採取した。室内でチュウガタシロカネグモを放し飼いにし、発する糸を採取して光学顕微鏡で観察した。

　なお大崎（1985）は、季節によって糸の反射色は変化するが、成分や太さは規則的に変化することはないとしている。

1　チュウガタシロカネグモの糸の構造

　チュウガタシロカネグモは多くの場合糸を発しながら歩行しているが、場面によって発する糸の構造が異なっている。枝の上を歩行する際に発する糸は1本の糸で、粘球は付着していない（**図2**）。また、巣を張る際に、巣の縦糸になる糸も1本の糸からなっており、粘球は付着させていない

図1　チュウガタシロカネグモ（左：背面／右：腹面）

（**図3**）。一方、横糸になる糸も縦糸と同じように 1 本の糸からなっているが、粘球がほぼ一定の間隔で付着している（**図4**）。

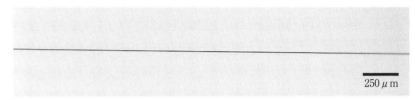

図2　チュウガタシロカネグモの歩行中に発した直後の糸の顕微鏡写真（40 倍）

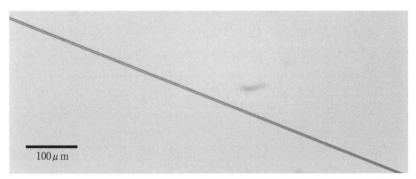

図3　チュウガタシロカネグモが発した巣の縦糸になる糸の顕微鏡写真（40 倍）

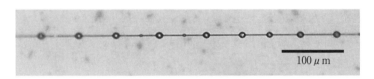

図4　チュウガタシロカネグモが発した巣の横糸になる糸の顕微鏡写真（40 倍）

　チュウガタシロカネグモが発する糸の繊維の太さは、巣の縦糸になる糸と巣の横糸になる糸では異なっている。観察した 30 個体のクモのうち、22 個体について、縦糸の半径（μm）、横糸の半径（μm）、粘球の半径（μm）、粘球間の距離（μm）、腹部の長さ（mm）、を測定した結果を**表1**にまとめて示す。

　この結果、同一の個体では縦糸と横糸の太さは一定であった。また、粘

表1　チュウガタシロカネグモの糸の太さと粘球の大きさ、粘球間の距離と粘着物質の体積

個体	1	2	3	4	5	6	7	8	9	10	11
縦糸の半径 (μm)	0.08	0.13	0.16	0.29	0.13	0.13	0.13	0.13	0.11	0.21	0.16
横糸の半径 (μm)	0.11	0.13	0.13	0.11	0.08	0.11	0.12	0.13	0.11	0.11	0.13
粘球の半径 (μm)	0.26	0.46	0.66	0.58	0.26	0.58	0.45	0.53	0.26	0.42	0.43
粘球間の距離 (μm)	2.63	2.26	5.84	2.79	1.79	4.53	3.79	2.18	1.68	2.35	2.11
粘着物質の体積 (μm^3)	2.20	15.86	19.18	27.68	3.69	17.06	8.85	25.33	3.08	12.04	13.76
腹部の長さ (mm)	3.0	5.0	6.0	6.0	3.0	5.0	5.0	5.0	4.0	7.0	5.0

個体	12	13	14	15	16	17	18	19	20	21	22	平均
縦糸の半径 (μm)	0.18	0.16	0.21	0.26	0.24	0.16	0.16	0.13	0.18	0.18	0.18	0.17
横糸の半径 (μm)	0.11	0.11	0.11	0.11	0.11	0.13	0.11	0.13	0.11	0.11	0.11	0.11
粘球の半径 (μm)	0.78	0.41	0.65	0.44	0.40	0.41	0.33	0.38	0.24	0.25	0.40	0.44
粘球間の距離 (μm)	3.89	1.93	4.95	1.66	2.02	1.74	1.69	1.17	1.66	1.57	4.47	2.67
粘着物質の体積 (μm^3)	49.93	13.52	22.61	19.16	11.91	13.81	7.85	16.36	2.46	3.18	5.25	14.31
腹部の長さ (mm)	5.0	5.0	6.0	5.0	5.0	5.0	5.0	4.0	5.0	5.0	5.0	5.0

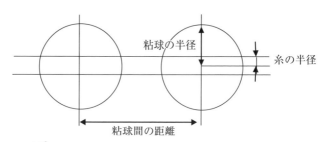

$$\frac{10^3}{粘球間の距離} \times (4/3\pi \times 粘球の半径^3 - 2\pi \times 粘球の半径 \times 糸の半径^2)$$

図5　粘着物質の体積の求め方

球は部分によって紡錘体のような形状をしているが、ここでは球状のものを20個選択して測定して平均をとったものを、その個体の粘球の半径とした。

　粘球間の距離は、粘球の中心から隣接する粘球の中心までの距離を測定した。腹部の長さは、平常時の腹部の長さを測定した。粘着物質の体積は、横糸1mmの間に付着している粘球の数と半径、糸の太さから、1mm間に分泌された粘着物質の体積を求めた（図5）。

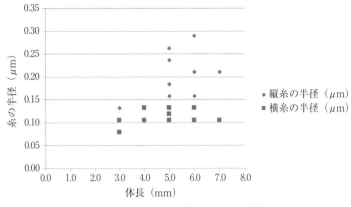

図6　体長と縦糸と横糸の太さの関係

　発する糸の太さは環境によってさまざまに異なるが、**図6**に示すように縦糸になる糸は太く（平均半径 0.17 μm）、横糸になる糸は細い（平均半径 0.11 μm）。なお、巣糸ではない糸の半径は平均 0.11 μm である。縦糸は体長が大きい程太くなる傾向にあるが、横糸は体長にかかわらずほぼ一定の太さである。

2　縦糸と横糸の張り方

　チュウガタシロカネグモの円網の縦糸と横糸で構造が異なる原因を明らかにするために、チュウガタシロカネグモが巣を張る様子を観察した（**図7**）。チュウガタシロカネグモは、最初に枝から枝へと粘球の付着していない1本の繊維からなる縦糸（図3）を放射状に何本か張る。この縦糸の上を、粘球が付着している糸を発しながら何度か往復して、複数本数からなり粘球が付着した繊維の束にする（**図8**、**9**）。

　次に、縦糸が中央で交差する付近から周辺部に向かって螺旋状に横糸を張っていく。この横糸も1本の繊維からできており、粘球はみられない（**図10**）。このようにして縦糸の途中まで横糸を張ったら、次に縦糸に沿って周辺部まで移動し、こんどは逆に周辺部から内側に向かって横糸を張りながら螺旋状に移動する。横糸は同心円状とされているが、実際には螺旋状に張られている。この横糸も1本の繊維からなるが、糸を発したときから一定間隔で粘球が付着している（**図4**）。前に張っていた横糸の部分にた

図7　チュウガタシロカネグモの円網（体長 10 mm）

100μm

図8　チュウガタシロカネグモの２本の糸からなり粘球が付着した縦糸の顕微鏡写真（100 倍）

どりつくと、顎で横糸を切断して第１脚と第２脚で巻き取り、その断片を塊にして縦糸に付着させながら中央部まで新たに横糸を張っていく。

　チュウガタシロカネグモは、縦糸、横糸を問わず自由に歩き回るが、強度に優れた縦糸の上を歩くことが多い。粘球のついた糸の上を歩くと、脚の毛で粘球をからめ取ってしまうことが多い。

　表１をもとにして、粘着物質の分泌量と体長との関係を図11 に示した。腹部の長さと粘着物質の体積には、一定の相関関係はみられない。

3　円網の縦糸に巻きつくらせん状の糸

　円網の縦糸のケーブルには、しばしば螺旋状の糸が巻きついている。その理由を明らかにするために、さまざまな環境下で発した糸を観察した。

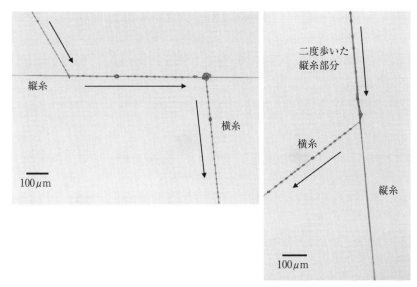

図9　チュウガタシロカネグモが往復した部分のみ、粘球が付着した複数本の糸からなる縦糸になる（クモが歩いた方向を矢印で示した／40倍）

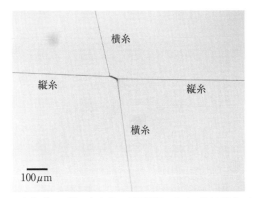

図10　チュウガタシロカネグモの巣の中央部から周辺部に向けて張る横糸の顕微鏡写真（40倍）

　チュウガタシロカネグモは、ヒトなどの外敵から逃れたり、新たな場所に移動したりする際には、枝に糸の端を付着させて枝から垂れ下がり、地上に降りたり枝を伝わったりして移動する。この際に発する糸は、図2に示したように、粘球が付着していない1本の糸である。地上に降りる前に、強風などの影響で危険を感じると、発した糸を前の4本の脚（第1脚と第

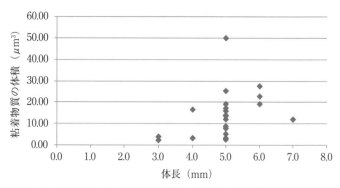

図11　チュウガタシロカネグモの腹部の大きさと粘着物質の分泌量の関係

2脚）で巻き取り、再び枝まで上がっていく（**図12**、**図13**）。この巻き取られた糸を顕微鏡で観察すると、螺旋状になっていることがわかる（**図14**）。チュウガタシロカネグモは、巣に獲物がかかったり強風などで巣の補修が必要になったりしたとき、しばしばこの巻き取った糸をそれにあてる。こうして、縦糸のケーブルに螺旋状の糸が巻き付く構造が作られることになる（**図15**）。

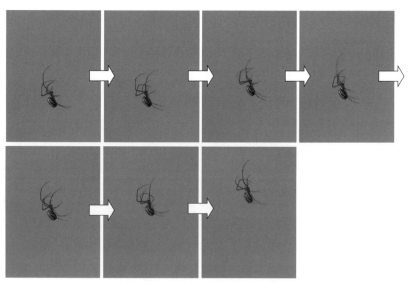

図12　カネグモが第1脚と第2脚で発した糸を巻き取るようす

図13　チュウガタシロカネグモの第1脚の先端部が糸を巻き取るようす（100倍）

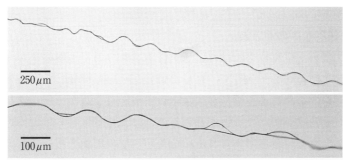

図14　チュウガタシロカネグモが巻き取った糸の顕微鏡写真
　　　（一部で巻き取った糸がからんで二重になっている／上：40倍／下：100倍）

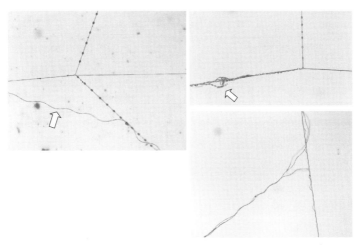

図15　一度巻き取った糸を再利用したようす（矢印で示した糸）

考　察

クモの糸の性質に関する研究は、クモ類の生態や進化の理解のために重要な基礎研究である。本研究では、本校の敷地内に生息するチュウガタシロカネグモを 30 個体採取して観察した。発する糸の太さや粘球の有無などを比較した観察結果は、チュウガタシロカネグモはどのような目的で糸を発しているのかを理解していることを示している。本研究の成果をまとめたのが**表 2** である。

1　巣の強度を高める方法

チュウガタシロカネグモは、粘球を付着させないで 1 本の糸からなる縦糸を張った後、U ターンして、粘球を付着させた糸を発しながら再び縦糸の上を歩く。これにより縦糸を複数本数の糸からなるケーブルにして、雨や風、あるいはかかった獲物が暴れることによって生じる振動に対する巣の強度を高めていると考えられる。したがって、円網を張りはじめたときの縦糸は 1 本の糸からなっており、粘球も付着していないが、完成後の縦糸は複数本数の粘球が付着した糸からなっている。この縦糸の半径は 0.17

表 2　本研究の成果のまとめ

先行研究や専門誌	筆者らの研究
完成された巣の縦糸には粘球がない（先行研究 1)〜6)）★粘球を付着させながら複数の糸からなるケーブルを発す（先行研究 7)）	発した直後の縦糸には粘球は付着していない。その後粘球を付着させた糸を発して往復する結果、粘球が付着したケーブルになる。このようにして縦糸の強度を高めている
螺旋状の糸を巻き付けた縦糸ケーブルを発する（先行研究 7)）	巣糸が破損した際、一度巻き取った糸を用いて補修するため、螺旋状の糸が巻き付くのであって、補強のために糸を螺旋状にして巻き付けるのではない
（先行研究なし）	腹部の大きさと粘着物質の分泌量の間に一定の相関関係は認められない

1）福島康正・中島宏（1996）、2）中垣雅雄（2003）、3）大崎茂芳（2006）、4）新海明（1998）、5）新海栄一（2006）、6）馬越淳ほか（1997）、7）兵庫県立西脇高等学校生物部（2018）

μm 程度で太い。

　その後、巣を完成させるまでの一時的な補強を目的として、縦糸が交差する中心部から外側に向かって、ひとまず粘球を付着させない横糸を張り、その後、粘球を付着させながら本来の横糸を巣の外側から張っていく。この横糸は半径 0.11 μm 程度で細い。粘球を付着させながら発した糸が、チュウガタシロカネグモの意図とは関係なく横糸になったり、太い糸が結果として偶然巣の縦糸になったりする、などとは考えにくい。チュウガタシロカネグモが粘球を付着させながら発した糸が、結果として枝から枝へと張る縦糸になっていると考えた方が合理的である。

2　太い縦糸の役割

　先行研究でも専門誌でも、縦糸には粘球がないとされているが（福島・中島，1996・馬越ほか，1997・新海，1998・中垣，2003・新海，2006・大崎，2006）、これはクモが発した直後の糸を観察した結果に基づくものではないかと考えられる。一方、兵庫県立西脇高等学校生物部（2018）が、複数の円網を作るクモの巣を観察した結果、一般的に粘球が付着した縦糸を張るとしているのは、円網が完成した後、さまざまな環境下で補強した後の縦糸を観察した結果ではないかと考えられる。

　太い縦糸は、円網を支えるハンモックの釣りひもの役割があり、風雨や獲物がかかった時の揺れに対する強度を高めることに貢献している。一方、細い横糸は、粘球を付着させることで獲物を捕獲する目的の糸として有効である。チュウガタシロカネグモは縦糸、横糸の区別なく歩くが、特に強度に優れた縦糸の上を歩くことが多い。よく歩く縦糸の粘球を脚の毛がからめ取ってしまうことで、縦糸の粘球が失われ、縦糸には粘球がみられないと誤解されることが多いのではないかと考えられる。

3　チュウガタシロカネグモは巣糸を補修する

　円網の縦糸のケーブルにしばしば巻き付いている螺旋状の糸について、兵庫県立西脇高等学校生物部（2018）は、縦糸のケーブルを補強するために、意図的に巻き付けながら縦糸を張ったものであると考えている。チュウガタシロカネグモは、環境の変化によって、いったん発した糸を巻き取るように回収することがある。回収された糸は螺旋状のばねのような形状

になり、塊になって縦糸に付着させる。縦糸のケーブルに螺旋状の糸が巻き付いていることがあるのは、獲物がかかるなどして巣糸が破損した際に、第1脚と第2脚で一度巻き取った糸を用いて補修することによって、螺旋状の糸が縦糸のケーブルに巻き付いたことを示している。新たに縦糸の補強のために繊維を螺旋状に巻き付けるわけではなく、兵庫県立西脇高等学校生物部（2018）は誤っている。

4　糸に付着する粘球の性質

　チュウガタシロカネグモの糸に付着する粘球は、糸が発せられた際に糸に均質に付着していた粘着物質が、後に表面張力によって一定の間隔と大きさで球状になったものである。腹部にある絹糸腺から粘着物質が分泌されているが（大崎, 2006）、腹部の大きさと粘着物質の分泌量の間に一定の相関関係は認められない。粘球は、獲物を捕らえる目的だけではなく、縦糸と横糸を接着したり、横糸がすべって隣接する横糸と接着したりすることを避ける、横糸をまっすぐに張るためのたるみを取る役割、などを担っていると考えられており、糸の形状に一定の影響を与えているが、まだ詳細はわかっていない（桝元, 1998・北川ほか, 2000）。

今後の課題

　チュウガタシロカネグモは、偶然による結果ではなく、その目的を理解したうえで発する糸の種類を変えていると考えると、すべての行動と糸の特徴が説明できる。この説明が本当に妥当なのかどうかを、さらに多くの個体で、あるいは他の種のクモでも観察し、検証したいと考えている。また、研究が進んでいない粘球についても、その役割についての詳細を明らかにしていきたい。

　私たちの研究は、クモの糸に関する基礎研究となるばかりではなく、クモの生態を明らかにする基礎研究としての意味ももつ。

〔謝　辞〕

　本研究を行うにあたり、日本蜘蛛学会会長の鶴崎展巨、鳥取大学教授には、日本動物学会第 90 回大阪大会において有意義な議論をしていただいた。また、本校科学部顧問の川勝和哉教諭には、終始有益な助言をいただいた。ここに記して謝意を表します。なお本研究は、令和元年度姫路市中高生生物多様性発見応援プロジェクトの後援をいただいて実施したものである。

〔引用文献〕

1)　朝倉哲郎「フィブロインの高次構造」蚕糸・昆虫バイオテック 76, 9-14（2007）

2)　朝倉哲郎・中澤靖元「蚕ならびにクモが生産する絹の構造の解明－主に固体 NMR 構造解析法を用いて」高分子論文集, 63, 11, 707-719（2006）

3)　福島康正・中島宏「スパイダーシルク－遺伝子組換え法による高分子の合成－」繊維と工業、52, 11, 441-445（1996）

4)　兵庫県立西脇高等学校生物部「クモの糸の構造と引っ張りの力に対する強度の関係」化学と生物、56, 9, 640-643（2018）

5)　北川正義・勝見誠二・若生豊「クモ糸の変形挙動に及ぼす光および水環境の影響」材料、47, 1, 55-59（1998）

6)　北川正義・新濃隆志・若生豊「クモ横糸の変形挙動に及ぼす粘着球の役割」材料、49, 9, 970-975（2000）

7)　桝元敏也「クモ糸の多様性」Acta arachnol., 47、2, 177-180（1998）

8)　中垣雅雄「スパイダーシルク」高分子、52, 838（2003）

9)　大崎茂芳「クモの糸の化学」有機合成化学、43，9，828－835（1985）

10)　大崎茂芳「蜘蛛の糸―その蛋白質科学」蛋白質・核酸・酵素、41, 14, 50-58（1996）

11)　大崎茂芳「クモの糸の秘密」繊維と工業、62, 2, 42-47（2006）

12)　新海明「クモの糸と生態」日本蜘蛛学会誌、47, 2, 191-195（1998）

13)　新海栄一「日本のクモ」文一総合出版（2006）

14)　Tsuchiya K. and Numata K.「Chemical synthesis of multiblock copolypeptides inspired by spider dragline silk proteins」ACS Macro Letters,6, 2, 103-106（2017）

15)　馬越淳・馬越芳子・秦珠子（1997）「生物紡糸－低エネルギー・スーパー紡糸（クモ）」繊維と工業、53, 7, 202-211（1997）

●
優秀賞論文

受賞のコメント

受賞者のコメント

念願の研究活動で感激の受賞！

●兵庫県立姫路東高等学校科学部部長

　2年　赤瀬彩香

　私たち2年生の部員は、入学時からずっと何か研究をしたいという強い希望をもっていたが、残念ながらその場がなかった。今年の春に川勝先生が異動してこられ、科学部顧問として研究を指導いただけるようになった。研究を始めた当初は戸惑ったこともあったが、部員同士で意見を出して話し合い、さらに先生から研究活動についてのさまざまな助言をいただいたりして研究をまとめることができた。優秀賞受賞と聞いて、最初は冗談だと思ったが、徐々に喜びが大きくなった。指導していただいた川勝先生には本当に感謝している。現在も、本研究で得た知識や経験、科学的な考え方を糧にして、身の回りに隠れているさまざまな分野の不思議を解明しようと頑張っている。

指導教諭のコメント

研究の土壌がないところから始めて

●兵庫県立姫路東高等学校　主幹教諭　川勝和哉

　私が赴任した直後、科学部を覗いてみると、数名の生徒がなにやら実験道具を触ったり工作したりしていた。本校は、理数科があるわけでもSSHに指定されているわけでもないのだが、その環境の中で科学部に所属している「彼らはきっと理科が好きに違いない」と直感した。私が彼らに「研究というものをしてみないか」と提案すると最初は戸惑っていたが、研究の基礎をきちんと教えると、積極的に活動を始めた。論文にまとめる時に、生徒たちが「このような活動をしたかった！」と言ってくれた時は教師として大きな喜びを感じた。今日も彼らは、岩石鉱物、プラズマ、紫外線など、多くのテーマに嬉々として取り組んでいる。

●
優秀賞論文

未来の科学者へ

新奇知見が得られたことは高く評価されるべき

　本論文は、道ばたなどでごく普通に見られるアシナガグモ科のチョウガ
タシロカネグモを研究対象とし、巣の形成過程および糸の性状を詳細に観
察した結果をまとめたものである。チュウガタシロカネグモは水平の円網
を張る。円網において中心から放射状に張られた糸を縦糸、縦糸に直行し
て同心円状に張られた糸を横糸という。筆者らは完成したクモの巣の糸な
らびに吐糸直後の糸の両者を、光学顕微鏡を用いて詳細に観察した。その
結果、縦糸は太く横糸は細くというように、目的に応じて発する糸の性状
を変化させていることを見出した。クモの巣には獲物の虫を捉えるための
ネバネバとした粘球が多く付着している。専門書等には横糸には粘球が多
く付着しているが縦糸には粘球が無いと記されている。しかしながら筆者
らは、従来粘球が無いとされていた縦糸にも粘球が生ずることを新たに発
見した。さらに、この粘球はクモが縦糸の上を、糸を吐きながら移動する
ことにより生ずるということを明らかにした。これはクモの行動と吐き出
された糸を地道に丁寧に観察した結果得られた知見であり、高く評価する
ことができる。論文全体の体裁であるが、図表の配置も適切で良く整理さ
れている。ただ一点、手書きでよいのでクモの巣の形成過程を示す図を付
し、縦糸の粘球がどのような位置に見られたかが示されていればさらに良
い論文になったであろう。本研究成果は、筆者らの努力に十分見合うもの
であり、さらに新奇知見も得られたことから高く評価されて然るべきもの
である。クモの糸に関する研究は同じ兵庫県内の県立西脇高等学校でも進
行している。お互いに切磋琢磨してクモの巣に関する研究が更に発展する
ことを強く望み纏めとしたい。

（神奈川大学理学部　教授　泉　進）

●
優秀賞論文

ブランコ漕ぎの謎を定量的に解明
（原題）ブランコ漕ぎのメカニズムについて

名古屋市立向陽高等学校　国際科学科　ブランコ斑
３年　小田切 佑悟　金子 優作　篠原 明日香　森島 志保
●

研究の動機と目的

　まだ私たちが幼少の頃、公園にあるブランコに乗り、足を思い切り蹴り出すと、遠く高く飛び出すような興奮を覚えた。そして、さらに高さを求めてブランコの板の上に立ち、小さな体を使っての「立ち漕ぎ」で大きな軌道を描こうとした。

　高校生になった今、ブランコを立ち漕ぎする時、膝の屈伸はブランコの軌道に対して垂直運動で運動の方向と異なるのに、膝の屈伸によってブランコの振幅が大きくなるのはなぜなのか、また、膝を曲げるタイミングや膝の曲げ具合と、ブランコの運動との間にどのような関係があるのか疑問に思った。私たちは「ブランコから人に働く力がする仕事」を考えることにより、振幅の増加を説明できるという仮説を立て、その検証を行うことにした。

ブランコを漕ぐ動作の解析

1　実験の目的・方法

(1)　目　的

　ブランコを立ち漕ぎする際の重心の動きとブランコの運動の関係性を探る。

(2)　方法と手順

①腰にビニールテープで印をつけ、そこを重心と考えた。ブランコを立ち
　漕ぎする様子と、ある程度漕いだ後、漕ぐのを止めそのまま運動させ続
　けた様子を、ハイスピードカメラ（SONY RX10ᵢᵢ）（120 fps）で撮影し
　た。

　　　班員の質量は 52.8 kg、ブランコの座面からチェーンまでの長さは
　1.85 m、ブランコから撮影位置までの距離は 4.34 m であった。

②撮影した映像から動画再生ソフト GOM Player（※ 1）を使って 0.025 秒
　間隔で画像を切り出し、それらを画像合成ソフト Sirius Comp（※ 2）を
　使って明合成した。

③重心の運動の様子を考察する際、前述の合成した画像から重心の座標を
　読み取る操作が必要になる。そこで、座標取得ソフト Simple Digitizer
　（※ 3）を用いて、ビニールテープで印をつけた重心の位置をパソコンの
　画面上で確認しクリックしていくことで、0.025 秒間隔の重心の座標を得
　た（静止している奥のブランコの座面を原点として、水平・鉛直方向に
　xy 座標平面を設定した）。

2　結　果

　図 1 は、方法と手順②で作成したストロボ写真である。重心の軌道は吹
き出しが指し示している。他の白色の部分はビニールテープで印をつけた
重心以外の関節であるが、今回の解析では使用していない。また、図 2 は、
データから作った実際の重心の軌道と、重心から支点（チェーンと支柱の
接合点）までの最短距離（膝を伸ばした時の重心から支点までの距離）を

図1　ブランコを漕ぐ様子のストロボ写真（1往復）

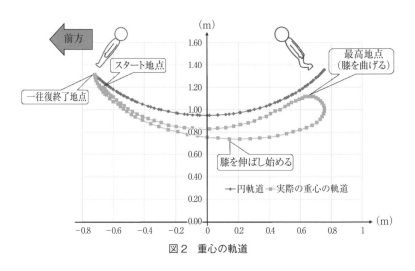

図2　重心の軌道

半径とする円軌道を重ねたものである。図1より、ブランコ（重心）が最高地点に到達した直後に膝を曲げ、そこから徐々に伸ばしていくことがわかった。この膝の屈伸により重心が動くので、図2のように円軌道と実際の軌道にずれが生じるのだ。

3　考　察

　なぜ前述のように重心の位置を変えるとブランコの振幅つまりエネルギーが増えるのかを考えた。人が重心運動により得たエネルギーと、抵抗力

などにより損失したエネルギーを求めることで、1往復で増えるエネルギーを算出した。

(1)　ブランコを漕ぐことによるエネルギー増加量の見積もり

①仮説

　人にはブランコから軸方向に力が働いている。この力を F〔N〕とする。また、膝の曲げ伸ばしにより、重心の位置は軸方向に変化し、この変位を Δx〔m〕とすると、

$$W = F\Delta x \tag{1}$$

を用いて、微小時間ごとの仕事を求めることができる。また、エネルギーの増加量 ΔE と外力による仕事 W の関係式

$$\Delta E = W \tag{2}$$

から、人が得たエネルギーが求められると考えた。

②ブランコから人に働く力 F について

　図3は、重心とともに運動する観測者から見た場合の、人に働く力の軸方向のつり合いを表したものである。図3より、軸方向の重力の分力は $mg\cos\theta$、遠心力は $\frac{mv^2}{r}$ なので、ブランコから人に働く力 F は

$$F = mg\cos\theta + \frac{mv^2}{r} \tag{3}$$

である（m は人の質量 52.8 kg、g は重力加速度 9.8 m/s²、r は支点から重

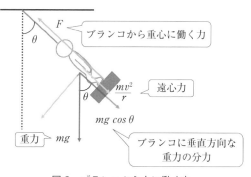

図3　ブランコから人に働く力

心までの距離、v は速度)。

図 4 は、θ の値によって F が変化するようすを表したものである。ブランコが高い位置にあるほど、$cos\,\theta$ と v は小さくなるので F は小さくなる。

③ブランコから人に働く力 F の算出

0.025 秒ごとに人に働く力の大きさを算出した。計算過程は下記の 1〜9 と図 5 参照（※過程内と図 5 内の Ⓐ〜Ⓓ、r はそれぞれ対応している）。

1. Simple Digitizer（※ 3）で得た座標の値を実際の縮尺に戻すために x 座標、y 座標それぞれを 0.014 倍した（0.014 という数字の得方…奥のブランコと手前のブランコの画像上での大きさの比が 1：1.32 であった。よって、(ブランコの地面から支柱までの高さ 185.3 cm)／(100 × 1.32)＝1.40…≒1.4 より、奥のブランコの大きさを 100 として軸をとると、1 目盛りは 1.4 cm に相当する。また、単位を cm から m にす

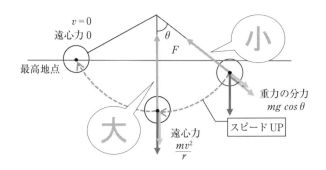

図 4　F の大きさの変化

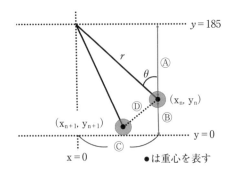

図 5　計算過程の模式図

るために 0.01 をかける必要がある。したがって、画像上の大きさを実際の縮尺に戻すためには 0.014 倍すればよい。

2. 支点の高さを $y = 185$ として、そこから各座標をひくことで④を求めた。

3. $\sqrt{\{(\text{④の各値})^2 + (\text{各 } x \text{ 座標})^2\}}$ より、支点から重心までの距離を求めた（r）。

4. $r/\text{④}$ より、$cos\,\theta$ の値を求めた。

5. $y_n - y_{n+1} = (\text{ある } y \text{ 座標}) - (\text{その次の } y \text{ 座標})$（B）、$x_n - x_{n+1} = (\text{ある } x \text{ 座標}) - (\text{その次の } x \text{ 座標})$（C）を求めた。

6. $\sqrt{\{(\text{Bの各値})^2 + (\text{Cの各値})^2\}}$ より、重心が 0.025 秒間に動いた距離（D）を求めた。

7. $\text{D}/0.025$ より、重心の速さ v を求めた。

8. $\frac{mv^2}{r}$ より、各座標で働いている遠心力を求めた（$m = 52.8\,\text{kg}$）。

9. 人に働く力 F を、式（3）$F = mg\,cos\,\theta + \frac{mv^2}{r}$
$\qquad\qquad = 52.8 \times 9.8 \times (\text{各座標の } cos\,\theta)$
$\qquad\qquad + (\text{各座標の遠心力})$ より求めた。

以下の**図6〜8**は、上記の過程で求めた、0.025 秒ごとの支点から重心までの距離 r、速度 v、$cos\,\theta$ をそれぞれグラフにしたものである。**図9**はこれらの値から、0.025 秒ごとに人にどれだけの力 F が働いているかを算出し、グラフにしたものである。ブランコが高い位置にあるほど F が小さく

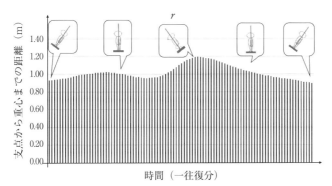

図6　0.025 秒ごとの支点から重心までの距離

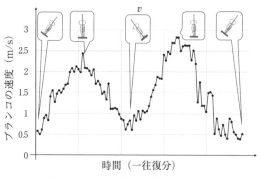

図7　0.025秒ごとのブランコの速度

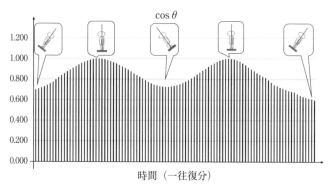

図8　0.025秒ごとのcosθの値

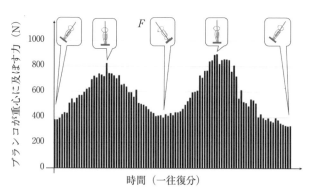

図9　0.025秒ごとのFの大きさ

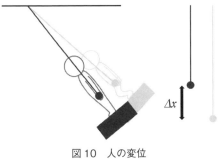

図 10　人の変位

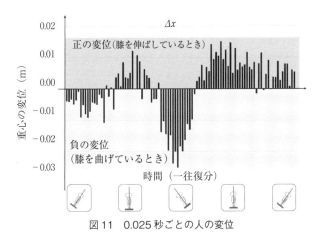

図 11　0.025 秒ごとの人の変位

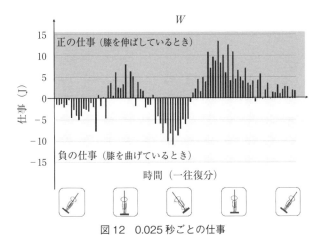

図 12　0.025 秒ごとの仕事

なる様子が図9からも読み取れる。

④重心の変位 Δx について

　Δx は人がブランコの軸方向に運動した距離である。図5において $\Delta x = r_n - r_{n+1} =$ （ある座標の r）－（その次の座標の r）である。これを表したものが**図10**である。また、0.025秒ごとに1往復分グラフにしたものが**図11**である。

⑤ W について

　式（1） $W = F\Delta x$ より、前述の F と Δx を掛け合わせることで0.025秒ごとの仕事を求めた（**図12**）。その算出した W を足し合わせることで、1往復あたりの W の総和を求めた。結果、1往復あたりの W の総和は81.8 J で、この分だけブランコから人にエネルギーが与えられていることがわかった。

　膝を伸ばす変位と曲げる変位の大きさは同じであるはずなのに、正の仕事と負の仕事を差し引きしても正の仕事が81.8 J残るのはなぜか考えた。

　図13は、正の仕事と負の仕事がそれぞれ1往復の中でいつ行われているかを図示したものである。負の仕事（膝を曲げる動作）をしている時、重心は最高地点に近いことがわかる。この時ブランコの速度は小さく、$\cos\theta$ の値も小さい。したがって、人に働く力 F は小さくなる。よって負の仕事の大きさは小さくなる。また正の仕事をしている時、ブランコの速度はし

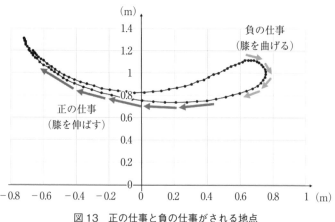

図13　正の仕事と負の仕事がされる地点

だいに大きくなり、$\cos\theta$の値は大きくなるので、負の仕事より大きさが大きくなる。したがって、合計すると、人は正の仕事をされ、エネルギーが増え、振幅は大きくなる。図12からも、正の仕事の大きさのほうが負の仕事の大きさより大きいことがわかる。

(2) 抵抗などによるエネルギー損失の見積もり

　ブランコを漕ぐ際、軸での摩擦力、体全体で受ける空気抵抗などによるエネルギー損失があると考えられる。

　1往復で人に与えられるエネルギーを考えるにあたって、エネルギー損失を見積もる必要がある。そこで以下の手順で、1往復分のエネルギー損失の総和を算出した。

• ブランコをある程度漕いだ後に漕ぐのを止め、そのまま運動させた。この時、振幅は運動解析をした際の振幅と同程度になるようにした。2.5往復後、計測するのに十分な長さだけ最高地点の高さが下がった。その差は 15.4 cm だった。

• 下がった分の位置エネルギーの値を

$$U = mgh \qquad\qquad (4)$$

の式から計算し、これを 2.5 で割った値を 1 往復分のエネルギー損失の総和とした。

　　式 (4)　$U = mgh = 52.8 \times 9.8 \times 0.154 = 79.6\cdots \fallingdotseq 80$ （J）

　　$79.6 \div 2.5 = 31.8\cdots \fallingdotseq 32$ （J）

この結果、1往復分のエネルギー損失の総和は 32 J と見積もれた。

(3) 1往復で正味得たエネルギー量の見積もり

　以上から 81.8 J（得たエネルギーの総和）− 31.8 J（損失したエネルギーの総和）を計算すると、1往復で人に与えられるエネルギーは 50 J となった。ここで、式 (4) を変形し、

$$h = \frac{U}{mg} \qquad\qquad (5)$$

とする。これを用いて、50 J（1往復で人に与えられるエネルギー）が、最高地点の高さをどれだけ上げることができるエネルギーに相当するかを計

算すると、

$$式（5）\quad h = \frac{U}{mg}$$

$$= 50.0 \div (52.8 \times 9.8)$$

$$= 0.0966\cdots \fallingdotseq 0.097\,(\mathrm{m}) = 9.7\,(\mathrm{cm})$$

となる。

　ストロボ写真から実際に1往復で何cm上がったか測ったところ、10.5 cm であった。

　ゆえに計算から求めたデータと実際に測ったデータのずれは約10％程度である。一方で重心の位置が定かでなかったりブランコの重さを考慮していなかったりしたので、測定精度は10％程度だと考えられる。したがって、このずれは測定誤差の範囲内であると考えられる。よって、「ブランコから人に働く力がする仕事」を考えることにより、振幅の増加を説明できるという仮説が約10％の精度で正しいことを証明できた。

　次に、高い精度で仮説を検証するために、次項の自作ブランコ装置の製作を行った。

マイコンを用いた自作ブランコ装置製作

1　目　的

　先の実験では、重心の位置を実測により求められずおおよそ腰の位置だと見積もったことで誤差が生じたと思われる。そこで、重心の位置を正確に見積もることができるように自作ブランコ装置を製作した。この装置では構成する部品のそれぞれの重さと重心の位置がわかるので、各部品の重心を合成することで、ブランコ全体の重心の位置も見積もることが可能となる。

2　装置の概観

　図14 は自作装置の概略図である。この装置は、ブランコの真下に設置した障害物センサーを用いてマイコンが周期を算出し、モーターがナット

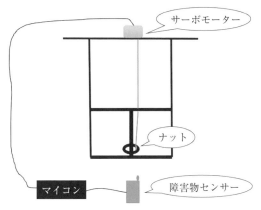

図14　装置の概略図

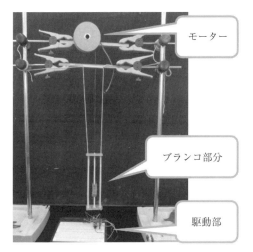

図15　装置の概観

　を上げ下げすることで、ブランコ漕ぎと同じ重心運動を行う。装置本体を
マイコン、サーボモーターとつなげ、スタンドで固定した。装置本体の真
下に、マイコンとつないだセンサーを置いた（図15、16）。

3　ブランコ部分

　人間の重心運動を再現し、ブランコ運動をする装置（図17）を作った
（ナットを上下させることで、人が膝の曲げ伸ばしにより重心を移動させる

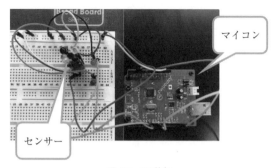

図16　駆動部

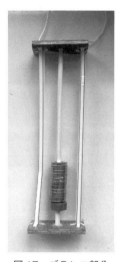

図17　ブランコ部分

動きを再現する）。

（1）材料

　木の板2枚、ストロー2本、割り箸1本、タコ糸、テグス、ナット25個（穴径8 mm、計65.4 g）

（2）作製手順

①2枚の板に2つ穴をあけた。1枚（上の板）には2穴の間に割り箸が通るほどの穴もあけた。

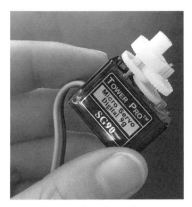
図18　サーボモーター

図19　センサー

②2本のストローで上の板、下の板を固定した。

③両側の穴にタコ糸を通した。

④ナットにテグスを括り付け、割り箸に通した。

⑤①であけた穴に④の割り箸を通した。

⑥テグスをモーターに巻き付け、ナットが板の間を上下に動けるようにした。

4　駆動部

　マイコンには Arduino（※4）を用いた。使用したプログラムは本論文巻末に載せた。

　プログラムのアルゴリズムの概要は、

①ブランコがセンサーの真上を通過した時の時刻を測定し、次に通過するまでの時間からおおよその周期を毎回求める。

②求めた周期から、次にブランコが反対の最高地点に到達するタイミングを予測し、その地点で重心（ナット）を下げ、センサーの上を通る直前に重心を上げる。周期を毎回求めているのでずれが蓄積していくことはない。

　サーボモーターは、Tower Pro マイクロサーボ SG90（**図18**）を用いた。またセンサーには赤外線障害物センサー（**図19**）を用いた。

自作ブランコ装置を用いた実験

1　実験の目的

　自作ブランコ装置を使って、重心運動を解析し振幅の増加量を測定することで、「ブランコから人に働く力がする仕事」を考えることにより、振幅の増加を説明できるという仮説を1%程度の高精度で証明する。

2　方法

　基本的にブランコの立ち漕ぎの解析と同じことを繰り返す。

(1) 装置のナット部分に印をつけ、ハイスピードカメラ（SONY RX10ⅱ）（120 fps）で撮影した。ナットを動かす動画と抵抗計算のためにナットを動かさない動画を撮った。ただし、人の立ち漕ぎとは違い、両端の最高地点で漕ぐ（ナットを下げる）。つまり、一往復で2回漕ぐ。

(2) 撮影した映像から動画再生ソフトGOM Player（※1）を使って0.025秒間隔で画像を切り出し、それらを画像合成ソフトSirius Comp（※2）を使って暗合成した。

(3) 重心の運動の様子を考察する際、前述の合成した画像から重心の座標を読み取る操作が必要になる。そこで、座標取得ソフトSimple Digitizer（※3）を用いて、印をつけた位置をパソコンの画面上で確認しクリックしていくことで、0.025秒間隔の重心の座標を得た（静止した時の下の板を原点としてxy座標平面を設定した）。

3　結　果

　人間が漕ぐ時と同じように、最高地点付近で重心を下げることで、振幅が増加する様子が確認できた。

　図20はストロボ写真、図21はデータから作った実際の重心の軌道である。なお、人間とは違い、重心を両端で下げる動きをさせているので人間のブランコ運動の解析グラフとは違い、両端で大きな重心移動がみられる。

4　考　察

(1) ブランコを漕ぐことによるエネルギー増加量の見積もり

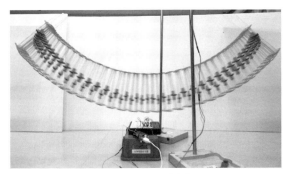

図20　ストロボ写真

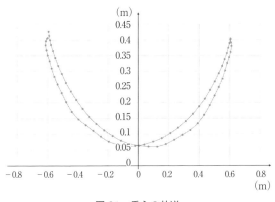

図21　重心の軌道

①重心に働く力 F について

　次に、ブランコの立ち漕ぎの解析と同じ方法で、支点から重心までの距離 r、ブランコの速度 v、$\cos\theta$ の値を求めた（**図22、23、24**）。

　一般に、ある物体の位置を x、質量を m とすると、n 個の物体の重心の位置 x_G は、

$$x_G = \frac{x_1 m_1 + x_2 m_2 + \cdots + x_n m_n}{m_1 + m_2 + \cdots + m_n} \tag{6}$$

と表される。今回は、より正確な結果がわかるように、糸や台座を含むブランコ全体の重心の位置を、式（6）を用いて求めた。これらのデータから、重心に働く力、重心の正確な位置と変位、エネルギーの損失を求め、1

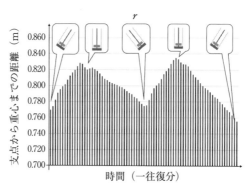

図22　0.025秒ごとの支点から重心までの距離

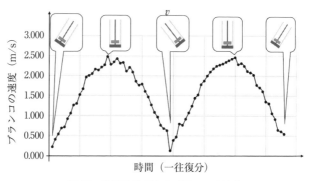

図23　0.025秒ごとのブランコの速度

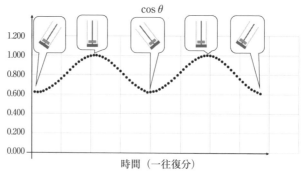

図24　0.025秒ごとの cosθ の値

往復でどれだけエネルギーが増えるのかを求めた。

　ブランコが重心に及ぼす力の大きさは、ブランコから人に働く力の大きさと同様に、式（3）$F = mg\ cos\ \theta + \frac{mv^2}{r}$ となり、0.025 秒ごとに働く力を求めた（図 25）。グラフより、確かに最高地点付近で F は大きく、最低地点付近で小さくなっていたことがわかる。

②重心の変位 Δx について

　0.025 秒ごとの重心の変位を求めた（図 26）。

③ W について

　式（1）$W = F\Delta x$ より 0.025 秒ごとの W を出した（図 27）。W の総和は約 0.052 J で、この分だけエネルギーを得ていることがわかった。

④抵抗などによるエネルギー損失の見積もり

　ブランコに働く 1 往復分の軸での摩擦力、空気抵抗などによるエネルギー損失の総和を以下の手順で算出した。

・ブランコの振幅がある程度大きくなってから、ブランコのモーターを止めた状態で、運動させた。最高地点の高さが 1 往復後、4.9 cm 下がった。

・下がった分の位置エネルギーの値を式（4）$U = mgh$ を用いて計算し、これを 1 往復分のエネルギー損失の総和とした。

　この結果、1 往復分のエネルギー損失の総和は約 0.037 J とわかった。

（2）1 往復で正味得たエネルギー量の見積もり

　以上から 0.052 J（得たエネルギーの総和）－ 0.037 J（損失したエネルギー

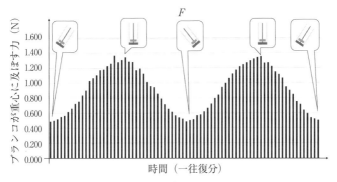

図 25　0.025 秒ごとの F の大きさ

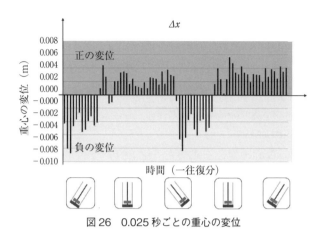

図26　0.025 秒ごとの重心の変位

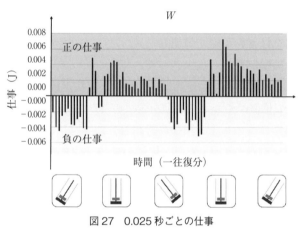

図27　0.025 秒ごとの仕事

の総和）を計算すると、1往復で重心に与えられるエネルギーは約 0.015 J
だった。これは最高地点の高さが約 2.03 cm 上がるエネルギーに相当する。
ストロボ写真から実際に何 cm 上がったか測ったところ、2.00 cm だった。
ゆえに計算から求めたデータと実際に測ったデータのずれは約 1.3 % 程度
であり、人間がブランコをこぐ様子を解析した際の約 10 % よりも小さな
値だった。

　今回の装置の解析では、重心の位置の見積もりや座標読み取りの測定精
度から誤差は約 1 % だと考えられる。したがって、計算値と実測値のずれ

約1.3％は誤差の範囲内であるといえる。

　このことから、「ブランコから人に働く力がする仕事」を考えることにより、振幅の増加を説明できるという仮説を約1％という高い精度で証明できた。

まとめと今後の課題

　まず、人がブランコを漕ぐ際の重心運動と自作ブランコ装置の重心運動を解析した。次に、「ブランコから人に働く力がする仕事」を考えることにより、振幅の増加を説明できるという仮説を立て、仕事を計算することにより、ブランコが得るエネルギー増加量を見積もり、実測値と比較した。その結果、自作ブランコ装置の重心運動の解析と考察から、約1％の精度で仮説が正しいことを証明することができた。よって、重心の移動でブランコが漕げるメカニズムを説明することに成功したといえる。また、今回はブランコを立ち漕ぎする様子に焦点を当てて考察したが、座り漕ぎの時にも立ち漕ぎ同様、足の曲げ伸ばしによる重心移動により仕事がされ、エネルギーが増加していると考えられる。

　最後に、本研究ではブランコ漕ぎのメカニズムを定量的に説明することに成功した。これを応用すれば、振り子運動をするさまざまな事象において、外から力を加えることなく、重心を移動させることによって、振幅の増加または減少をコントロールできることが期待できる。今後は、誤差の伝搬を考慮したうえで、より正確な誤差の評価をしたい。

　なお、今回の研究で使用したソフトウエア等を**表1**に、また、マイコンで利用したプログラムを**表2**に示した。

表1　使用したソフトウエア等

GomPlayer（※1）：www.gomplayer.jp/
SiriusComp（※2）：http://phaku.net/siriuscomp/
SimpleDigitizer（※3）：http://www.alrc.tottori-u.ac.jp/fujimaki/download/windows.html
Arduino（※4）：https://www.arduino.cc/

表2　マイコンで利用したプログラム

①プログラムに使用した変数の説明

St：「センサ反応→反応なし」になった瞬間の時刻。

Dt：センサに反応して、次の反応までの時間（1/2 周期）。

DtPre：Dt を測った時の 1 つ前の 1/2 周期にかかった時間。

Sa：DtPre と Dt の時間差（周期のずれ）。

NSa：Sa（周期のずれ）が 1.0 秒以内だった時に +1 するカウンター。1.0 秒よりもずれると +0 にリセットし、
　　　最初からやり直し、NSa =10 になると、モータが動き出す。

Nt：NSa=10 になった瞬間（モータが動き出した時）の時刻。

②プログラムの実際のコード

```
int Val=0; // 整数変数の定義
int Hflag=0;
int HflagPre=0;
int Tflag=0;
unsigned long Dt=0;
unsigned long St=0;
unsigned long Nt=0;
int Sa=0;
int DtPre=0;
int NSa=0;
#include <Servo.h>
Servo myservo;
void setup() {
  Serial.begin(9600); // PC とのシリアル通信の開始
  Serial.println("SesorRead!"); // コメントを表示して改行
  myservo.attach(9); // サーボモータをデジタル 9ch に入力
  myservo.write(180); // サーボモータを 180°まで回転
}
void loop() { // 以下、繰り返し
  Val=analogRead(3); // センサの信号（アナログ 3ch）を読み出し

  if(Val<300){ // Val<300(センサに反応があったら)
  Hflag=1; // Hflag を立てる
  }
  else{ // そうじゃない時は
  Hflag=0; // Hflag を下げる
  }

  if(HflagPre==1&&Hflag==0){ // もし Hflag が 1 から 0 にかわったら
  St=millis(); // 時間を保存
  Tflag=1; // Tfalg を立てる
  }
```

> センサの出力→アナログ 3ch
> サーボの入力→デジタル 9ch

```
if(Tflag==1&&HflagPre==0&&Hflag==1){ // もし時間を測って、Hflag が 0 から 1 になったら
 DtPre=Dt; // Dt を DtPre に代入
 Dt=millis()-St; // スタートとの時間差を Dt に代入
 Sa=Dt-DtPre; // DtPre と Dt の時間差（周期のずれ）を Sa とする
 Tflag=0; // Tflag さげる

 if(-1000<Sa&&Sa<1000){ // もし Sa が 1.0 秒以内ならば、
  NSa=NSa+1; // NSa に 1 を足す
 }
 else { // ほかの場合、
  NSa=0; // NSa を 0 にリセット
 }

 Serial.print("Time "); // Time と表示
 Serial.println(Dt); // 時間差 Dt を表示
 Serial.println(Sa); // Sa を表示
 Serial.println(NSa); // NSa を表示
}
HflagPre=Hflag; // Hflag を HflagPre に保存

if(NSa>10){ // NSa>10 の時
 Nt=millis(); // Nt(NowTime 今の時間)

 if((Dt/2-100)<(Nt-St)&&(Nt-St)<(Dt/2+100)){ // (1/2 周期時間の半分 -0.1 秒)<(今の時間 - センサ通
                                             // 過してからの経過時間)<(1/2 周期時間の半分 +0.1 秒)
                                             // の時（最高点らへん）で、
  myservo.write(0); // サーボモータを 0°まで回転
 }
 else if((Dt-100)<(Nt-St)){ // また、（周期時間の半分 -0.1 秒）<（今の時間 - センサ通過してからの経過
                            // 時間）の時（最下点直前）で、
  myservo.write(180); // サーボモータを 180°まで回転
 }
}

else{ // NSa<10 の時
 myservo.write(180); // サーボモータを 180°まで回転
}
}
```

●
優秀賞論文

受賞のコメント

受賞者のコメント

高精度な検証が実現できた時の感動と達成感

●名古屋市立向陽高等学校　国際科学科

ブランコ班

　ブランコの立ち漕ぎといえば、足の屈伸運動だが、なぜ、それがブランコの振幅増加につながるのか。立ち漕ぎに伴う人の重心の動きに着目し研究を進めた。

　印象的なのは、ブランコ装置の製作から、その運動の解析までの過程だ。装置にどのように動いて欲しいかをプログラム言語に忠実に反映させることや、模型作成の精密な作業に苦慮したが、想像どおりに装置が動き高精度な検証が実現できた時の感動と達成感は忘れられない。

　物理の授業で習ったばかりの力学を研究の考察道具として用いることは苦労の連続だったが、同時に、知識を実践に移すという有意義な経験になった。

　最後に、ご指導してくださった先生、審査員の皆様に感謝したい。

指導教諭のコメント

生徒たちの情熱と努力が認められて嬉しい

●名古屋市立向陽高等学校　教諭　山田　薫

　「なぜ膝の曲げ伸ばしでブランコを漕ぐことができるのだろう」ブランコという身近なものに対する素朴な疑問からこの研究は始まった。実際に自分たちでデータを取り、それを高校物理で学習する「力」や「仕事とエネルギーの関係」を用いて解析し、定量的にブランコ漕ぎの謎を解明することができた。

　テーマも手法も高校生らしいもので、生徒達は自分たちの力でどんどん研究を進めていった。発表や論文作成でもわかりやすく伝える努力を惜しまず、情熱を持って研究に取り組んでいた。そして、この研究を通して大きく成長してくれたと感じている。生徒たちの情熱と努力が認められ、このような賞をいただき本当に嬉しく思う。この経験を活かし、それぞれの未来へ羽ばたいて欲しい。

●
優秀賞論文

未来の科学者へ

日常の現象を物理的に理解する目

　この論文は、日常目にする公園などで子供達が遊ぶブランコの運動とい
う何気ない現象を見て、この運動がどのように生じるのか疑問に思って物
理現象を説明するため運動エネルギーの保存という基本的な物理現象の原
理を使って科学的に分析したものです。科学の世界でよく引用される I. ニ
ュートンの「りんごの木」、寺田寅彦の「茶碗の湯」や M. ファラディーの
「ロウソクの科学」なども現象は異なりますが、やはり日常の現象を見て不
思議な印象を抱いて、じっと見つめて現象の理解を書き留めたことで、後
の科学の世界にも大きな影響を与えています。世の中にはいろいろな現象
が日常生活の中で見られます。その中にはなぜこのような現象が起きるの
か考えてみようと思う現象も数多くあります。

　私は現在、工学部建築学科の構造コースに所属していて、建物に作用す
る地震の外力などにより建物がどのように影響を受けるのか、そもそも地
震の外力とはどのような現象なのかについて研究していますが、日常目に
する多くの現象を物理的に解釈することの重要性を痛感しています。たと
えば、地震の大きな外力で直接建物が揺れて被害を受けたり、山の斜面が
崩れ、その外力で建物が被害を受けたりしますが、このような現象がどう
いう理由で起きるのか物理的に理解することができれば、今後の地震被害
の軽減化に大きく役立ちます。このような観点で日常生活の中で起きてい
るさまざまな現象を物理的に理解する目を培っておくことには大きな意義
があると私は思っています。

　この論文で述べられているように「ブランコの運動」について、ひらめ
きが生まれ物理的に理解し説明するという試みには大いに感嘆しました。
このような現象の見方は、今後皆さんの歩む人生の中でも大いに役立つこ
とと思います。

（神奈川大学工学部　教授　荏本 孝久）

●

優秀賞論文

銅樹は銅のみから成らず！

（原題）銅樹はCuだけではなかった
―組成と生成過程に注目して―

愛媛県立西条高等学校　化学部
２年　能智 航希　大岩 葵己　山内 陽海
１年　伊藤 龍ノ介　宗﨑 拓斗

●

研究の背景と目的

　私たちはこれまで、化学基礎の授業でイオン化傾向を学習し、金属樹の生成について資料集を眺めていた。それらの資料集には、金属樹の１つである銅樹について、亜鉛と塩化銅（Ⅱ）水溶液を用いると、ZnとCuのイオン化傾向の差により「Cuが析出」すると記されていた[1]。そこで、化学部の活動で銅樹を作ろうとしたが、生成した銅樹はCuの金属光沢とはほど遠い黒色の物質が生成され、その後、茶色の物質が生成した。

　この実験をきっかけに、私たちはさらに銅樹に興味を持ち、さまざまな銅塩の水溶液を用いて銅樹を作ってみると、銅塩の種類によって銅樹の大きさが明らかに異なっていた。この結果は、これまで学習したイオン化傾向の差だけでは、まったく説明できない。

　なぜそのような現象が起こるのか、とても不思議に思い、私たちは銅樹に関する先行研究を徹底的に調べた。これまで銅樹の形状の研究について多く発表されているが、銅樹本体の研究に関しての発表は２例だけであった。たとえば、伊藤は「アスコルビン酸水溶液の添加や、有機溶媒を用い

た空気の遮断により、金属光沢のある銅樹の生成条件を検討し、さまざまな実験結果から溶存酸素の影響がある」と推測していた[2]。また、大村らは「1価の銅（Ⅰ）イオンを含む化合物について」研究し、「銅樹には酸化銅（Ⅰ）が含まれる」と予想していた[3]。しかし、いずれの研究も溶存酸素がどのような影響を及ぼすかまでは明らかにしておらず「銅樹が酸化銅（Ⅰ）と銅の混合物である」との予測にとどまっていた。

　したがって、銅樹の組成を特定し、生成過程を明らかにできれば、銅樹が黒色や茶色に見える原因、さらに銅塩の種類によって銅樹の大きさが異なる原因を解明できるはずであると考えた。そこで本研究では、亜鉛と塩化銅（Ⅱ）水溶液を用いた銅樹の生成実験において、銅樹の組成と生成過程を明らかにすることを研究目的とした。また、銅塩の種類が銅樹の生成速度に及ぼす要因を明らかにすることも合わせて研究目的とした。

さまざまな銅樹の作り方と銅樹組成の特定

1　銅樹の生成方法

(1) ろ紙上での銅樹生成

　0.25 mol/L $CuCl_2$ 水溶液 5.0 mL をシャーレに取ってろ紙を浸す。そのろ紙上に、亜鉛粒を1粒置き、しばらく放置して観察した。

(2) 寒天上での銅樹生成

　寒天粉末 1.0 g を水 70 mL に加えて加熱して溶解させる。溶解し終えたら加熱をやめ、グリセリン 30 mL を加えて混ぜる。その後、その溶液に $CuCl_2$ 8.5 g を加える。この溶液をシャーレまたは PET ボトルキャップに深さ5 mm になるように流し込み、冷ましてゲル化する。そこに亜鉛板 10 mm×10 mm×1 mm を載せ、シャーレの大きさに切ったラップを被せ、生成した銅樹を観察した。

(3) 水溶液中での銅樹生成

　0.10 mol/L $CuCl_2$ 水溶液 20 mL に亜鉛板 10 mm×10 mm×1 mm を入れる。60 分間水溶液に浸して銅樹の様子を観察する。

2　銅樹の観察

　まず、ろ紙上での実験では、**図1**のように黒色部分と茶色部分が確認できた。また、亜鉛粒と水溶液が接触した部分がまず黒くなり、それが同心円状に広がった（水溶液と接触していない部分は未反応の亜鉛が残る）。その後、茶色部分が徐々に広がるように観察された。次に、寒天を用いた実験では、**図2**のように、まず亜鉛板表面が黒ずみ、その後、茶色の銅樹が生成していた。また、亜鉛板をタテにして銅樹の生成層を観察すると、**図3**のように、亜鉛板から近い順に、黒色の層、茶色の層が確認できた。最後に、水溶液中に生成した銅樹も、実験開始から10分程度は**図4**の黒色の銅樹が生成し、それ以降は部分的に茶色の銅樹が生成し、銅樹が徐々に大きく成長して**図5**のようになる。茶色の銅樹の明るさこそ条件により若干異なるが、類似する生成過程であると推測できる。そこで、さまざまな

図1　ろ紙上に生成した銅樹

図2　寒天上に生成した銅樹

図3　寒天上に生成した銅樹（立てた場合）

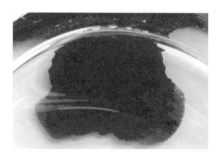

図4　水溶液中での黒色の銅樹

図5　水溶液中での茶色の銅樹

分析ができる水溶液中での銅樹の生成実験を研究対象とした。

3　銅樹の希硫酸との反応

　水溶液中に生じた銅樹を水洗して乾燥させる。その後、0.050 mol/L の希硫酸を 10 mL 加え、生成した物質を観察する。また、生成した水溶液に 6.0 mol/L 濃アンモニア水を加えて水溶液の色の観察を行った。希硫酸を加えると、銅樹が溶解した。銅樹が資料集通りの反応を起こして Cu 単体が析出するのであれば、この反応は起こらない。しかし、生成した水溶液に濃アンモニア水を加えると、**図6**のように無色から深青色の $[Cu(NH_3)_4]^{2+}$ を含む水溶液へと変化した。希硫酸で溶解した水溶液中に Cu^{2+} が含まれていることがわかった。また、希硫酸に溶解して残った物質を取り出して薬さじでこすると金属光沢が確認でき、金属の Cu 単体が含まれていることがわかった。これらのことから、確かに Cu は含まれているが、それ以外に Cu の化合物他に含まれていることを示唆した。

図6　銅樹の希硫酸による溶解（Cu^{2+}検出）（深青色）

4　銅樹の組成の特定

　水溶液中の銅樹生成実験において、図4のようにはじめに生じる黒色の銅樹を「黒色銅樹」、途中から生じる図5のような茶色の銅樹を「茶色銅樹」と呼び、それぞれの組成を分析した。

(1) 銅樹組成の分析方法

　「黒色銅樹」と「茶色銅樹」を分離して水洗して乾燥させ、粉末のサンプルにした。そのサンプルをX線回折法（以下、XRD測定）を用いて組成を特定した。また、データベースを用いて成分の同定と組成の割合を求めた。

(2) 銅樹組成の分析結果

　銅樹の分析結果を**表1**に示す。（Cuの組成にかかわる物質に限定し、Cuの物質量基準で表した）「黒色銅樹」に含まれるCuは10％少々と非常に少なく、$Cu_2(OH)_3Cl$ や Cu_2O が多く含まれていることが明らかになった。塩基性塩化銅（Ⅱ）の $Cu_2(OH)_3Cl$ は緑青の一種であり、水溶液中のイオンを巻き込んで複塩を形成したと考えられる。また、「茶色銅樹」に含まれるCuには36％しか含まれていなかった。いずれの銅樹もCu単体の含有量が予想よりはるかに少なく、Cu_2O を含むことが明らかになった。

　これらの結果から、銅樹に希硫酸を加えると溶解して Cu^{2+} が検出されたのは、$Cu_2(OH)_3Cl$ と Cu_2O が主な原因であると考えられる。$Cu_2(OH)_3Cl$ は希硫酸によって溶解し、Cu^{2+} が生成している可能性が高い。また、Cu_2O は、希硫酸と反応して以下のような不均化が起き、Cu^{2+} が生じていたと考えられる[4]。

表1　Zn＋0.10 mol/L の $CuCl_2$ 水溶液で生成した銅樹の組成

物質	黒色銅樹［％］	茶色銅樹［％］
Cu	11.5	36.0
Cu_2O	46.1	64.0
CuO	1.2	
$Cu_2(OH)_3Cl$	41.2	

$$Cu_2O + H_2SO_4 \rightarrow CuSO_4 + H_2O + Cu$$

以上から、また、「黒色銅樹」には、$Cu_2(OH)_3Cl$ などの Cu 以外の成分が多く含まれていることを明らかにした。

銅樹の生成過程

これまでの銅樹の組成から、生成過程を**図7**のように考えた。

【生成過程1】

まず、水中に存在するイオンが集まって $Cu_2(OH)_3Cl$ が生成する。それと同時に、Cu が Zn 表面上に析出する（反応①）。

【生成過程2】

次に、水溶液と接触する Cu 表面で水溶液中の溶存酸素が反応し、Cu 表面上に Cu_2O の酸化被膜が形成する（反応②）。

【生成過程3】

次に、Cl^- によって Cu_2O の酸化被膜が破壊され、Cu が再び析出する（反応③）。

【生成過程4】

その後に反応②と反応③が繰り返し進行し、銅樹が成長する。この生成過程の通り反応が進行すれば、これまで生じた現象が矛盾なく説明できる。そこで、Cu_2O の生成に注目し、各反応を細分化して検討した。

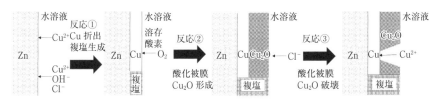

図7　銅樹の生成過程

銅樹の生成過程「反応①」Cu 析出

　一般に、中性の水溶液中で溶存酸素が酸化反応を起こす時、以下の反応が進行することが知られている[5]。

$$O_2 + 2H_2O + 4e^- \rightarrow 4OH^-$$

　また、この式から、酸性の水溶液中では、以下のような反応が起こると考えられる。

$$O_2 + 4H^+ + 4e^- \rightarrow 2H_2O$$

　水溶液中の H_2O や H^+ が存在しない状態であれば溶存酸素が反応せず、Cu_2O の酸化被膜が形成しないと考えられる。そこで、溶媒を水から非電解質のエタノールに変更し、析出する物質を特定した。

1　実験方法

　$0.10 \, mol/L$ の $CuCl_2$ のエタノール溶液 $100 \, mL$ を調製する。エタノール溶液を入れたビーカーに亜鉛板 $10 \, mm \times 10 \, mm \times 1 \, mm$ を浸し、ビーカー上部にパラフィルムをして 24 時間放置する。その後、エタノール溶液から取り出して Zn 板を観察した。また、Zn 表面上に析出した物質を観察し、粉末サンプルを XRD 測定した。

2　実験結果と考察

　Zn 板を取り出してエタノール揮発前の様子を**図8**に、揮発後に乾燥させた様子を**図9**に示す。明らかに金属光沢のある明るい茶色の物質が現れ、Cu 単体が生成したと考えられる。また、エタノールが揮発する前には Zn 表面に黒色部分がまったく見られないが、揮発途中で黒色部分が現れて図9の状態となった。この黒色の部分は溶媒を揮発させて自然乾燥させる途中で酸化して生成した Cu_2O や CuO だと考えられる。さらに、黒色に変色した部分以外を粉末サンプルにして XRD 測定を行うと、Cu のみが含まれることを特定した。以上から、エタノール溶液中で亜鉛板に Cu 単体が析

図8　エタノール揮発前の様子　　　　図9　エタノール揮発後の様子

出していることを明らかにした。

銅樹の生成過程「反応②」酸化被膜 Cu_2O 形成と溶存酸素の影響

1　水溶液中の $[Cu^{2+}]$ と溶存酸素濃度の推移

(1) 実験方法

　0.10 mol/L $CuCl_2$ 水溶液を 20 mL 入れたビーカーに亜鉛板 10 mm×10 mm×1 mm を入れ、15 分ごとに得られた水溶液をろ過した。ろ液に6.0 mol/L アンモニア水を加えて濃青色の $[Cu(NH_3)_4]^{2+}$ 水溶液を生成し、吸収波長 $\lambda=580$nm の吸光度を紫外線可視分光光度計を用いて、それぞれの条件の $[Cu^{2+}]$ を測定した[8]。また、この実験中に溶存酸素メーター（NARIKA イージーセンスビジョン）を用いて水溶液 60 mL に亜鉛板を入れ、溶存酸素濃度 [mg/L] を測定した。同じ条件でビーカーの上部に流動パラフィンを加え、空気中の酸素が溶解しない閉鎖系でも溶存酸素濃度を測定し、空気中の酸素が水溶液中に溶解する量を観察した。

(2) 実験結果と考察

　図10 に、水溶液中の $[Cu^{2+}]$ と溶存酸素濃度の時間推移を示す。まず、開放系と閉鎖系の溶存酸素濃度は、ほぼ同じ推移であった。このことから、

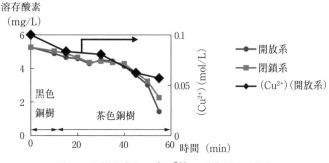

図 10　銅樹生成中の〔Cu²⁺〕と溶存酸素の推移

空気中の酸素と水溶液の液面が接触する開放系でも、少なくとも 60 分以内であれば空気中から溶解する酸素の量は、水溶液中に存在する溶存酸素に対して非常に少ないと考えられる。

　次に、時間が経つに連れて〔Cu²⁺〕が減少し、同時に溶存酸素も減少していることが示された。また、「黒色銅樹」が生成していた 0 分〜10 分間に「茶色銅樹」が生成した。それ以降の時間いずれも溶存酸素が徐々に減少している。さらに、これまでの組成の分析から、いずれの銅樹も Cu_2O を含むことがわかっている。これらのことから、Zn 板表面に生成した Cu が溶存酸素によって酸化され、Cu_2O が銅樹に多量に含まれることが明らかになった。また、銅樹の生成を行う 60 分以内の時間であれば、空気中の酸素が水溶液中に溶解する量は、もともと水溶液中に存在する酸素の量に比べて非常に少ないことも明らかになった。

2　ろ紙上の銅樹生成実験で金属光沢を持つ銅樹が見られる理由

　これまで知られている銅樹生成実験の中で、図 1 のようにろ紙上で生成した銅樹は金属光沢が見られることが多かった。これは、ろ紙に含ませた水溶液中の溶存酸素が少ないからだと考えられる。これは図 10 のように、開放系でも閉鎖系でも空気中の酸素の溶解が非常に少ないこともその根拠になり得る。水溶液中での反応に比べて溶存酸素の絶対量が非常に少なく、Cu_2O の生成で完全に消費され、Cu の生成が促進されている可能性が高い。以上から、ろ紙上での銅樹生成実験は、溶存酸素の少なさが金属光沢のある Cu 析出を促進していると推察される。

銅樹の生成過程「反応③」酸化被膜 Cu_2O の破壊

1　酸化被膜 Cu_2O を破壊する要因〜 H^+ か Cl^- か〜

(1) 実験方法

　まず、0.10 mol/L $Cu(NO_3)_2$ 水溶液を 20 mL 入れたビーカーに亜鉛板を入れ、15 分ごとに $[Cu^{2+}]$ を定量した。また、$Cu(NO_3)_2$ と NaCl をそれぞれ 0.10 mol/L に調整した混合水溶液でも同様の実験を行った。

　次に、50 mm×100 mm×0.5 mm の Cu 板を 200 ℃に昇温した定温乾燥機で 90 分加熱し、表面が Cu_2O の酸化被膜で覆われた Cu 板を作成した[6]。その板を 0.10 mol/L NaCl 水溶液、0.10 mol/L の $CuCl_2$ の水溶液と同じ pH にした HCl 水溶液、同じ pH に調整した HNO_3 水溶液に 15 分間浸し、取り出して板表面を観察し、電子天秤で質量を測定した。

(2) 実験結果と考察

　図11 のように、$Cu(NO_3)_2$ を用いた時は、$[Cu^{2+}]$ がごくわずか減少しているだけであった。亜鉛板の表面を観察しても、茶色い銅樹は生成せず、黒色の銅樹しか生成していなかった。また表2 のように、$Cu(NO_3)_2$ 水溶液を用いて生成した銅樹の組成には、複塩の $Cu_2(OH)_3(NO_3)$、Cu_2O、Cu などが主に含まれる。これらのことから、$Cu(NO_3)_2$ を用いた時の銅樹は、複塩と酸化被膜 Cu_2O が生成して反応がほぼ停止したと考えられる。さらに、$Cu(NO_3)_2$ 水溶液に NaCl 由来の Cl^- が含まれていると、$[Cu^{2+}]$ が明らかに減少していた。

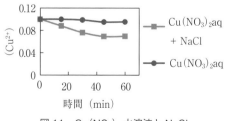

図11　$Cu(NO_3)_2$ 水溶液と NaCl

表2　Zn＋$Cu(NO_3)_2$ 水溶液の銅樹

物質	組成 （%）
Cu_2O	48.0
Cu	8.6
$Cu_2(NO_3)(OH)_3$	42.3
$Cu_2(NO_3)_2 \cdot 2.5H_2O$	1.1

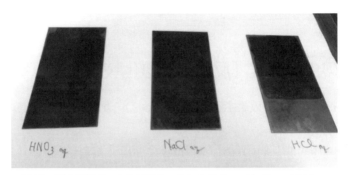

図12　酸化被膜 Cu₂O との反応　右から HClaq、NaClaq、HNO₃aq

表3　各条件の Cu 板の変化まとめ

	HClaq	NaClaq	HNO₃aq
Cu 板変色	あり	なし	なし
質量変化	3.3 mg 減少	変化なし	0.4 mg 減少

　以上から、Cl⁻ が銅樹の成長に必要であることを見い出した。

　図12と表3は、Cu₂O の被膜破壊に関する実験結果である。酸化被膜に覆われた Cu 板を HCl 水溶液に浸すと図12のように、Cu₂O が反応して Cu 板が明るい色に変色し、Cu 板の質量も 3.3 mg 減少していた。また、希硝酸に浸すと Cu 板はほぼ変色しなかったが、その質量は 0.4 mg 減少した。NaCl を含む中性の水溶液では、Cu 板の色と質量いずれも変化がなかった。H⁺ だけでも酸化被膜 Cu₂O と少し反応するが、Cl⁻ が共存することで大きく反応が促進されていると考えられる。以上から、酸性の水溶液中で Cl⁻ が存在する時、Cu₂O の酸化被膜の破壊が促進されることを明らかにした。

銅樹の生成過程における水溶液の pH 推移

1　実験方法

　0.10 mol/L の CuCl₂ 水溶液に亜鉛板を入れ、銅樹生成中の水溶液の pH を pH メーター（セムコーポレーション　PC5 ペン型）を用いてオンライ

ン測定した。

2　実験結果と考察

　図13に、銅樹生成中のpHの推移を示すグラフを示す。pHは、15分後あたりからpHがやや上昇している。本実験では、pHが酸性であることから、以下の2つの反応によりH⁺が反応してpHが上昇したと考えられる。

① Znとのイオン化傾向の差によるH_2発生

$$2H^+ + 2e^- \rightarrow H_2$$

② 溶存酸素O_2の酸化反応

$$O_2 + 4H^+ + 4e^- \rightarrow 2H_2O$$

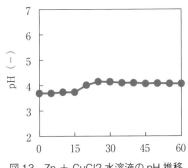

図13　Zn + CuCl2 水溶液のpH推移

　溶存酸素の推移から②の反応の進行は明らかになっているが、水溶液中の溶存酸素はごくわずかであり、O_2がすべて反応してもpHに大きな影響はない。つまり、水溶液中のH⁺が電子を受け取ってpHが上昇したと考えられる。以上から、水溶液中のH⁺がZnから電子を受け取り、酸化還元反応により気体H_2が発生したと思われる。また、Zn板と銅樹の間に気泡の発生が多かったことは、このことを裏付けている。

銅樹の生成モデルの提案

　これまでの結果から、銅樹の生成モデルを図14のように提案したい。まず、Zn板表面では、H_2の生成、$Cu_2(OH)_3Cl$の複塩の生成、Cuの析出が生じている。次に、Cuが析出した表面では、Cu_2Oの酸化被膜が生成し、酸性条件下でCl⁻が酸化被膜を破壊することで銅樹が成長していると推察される。また、$CuCl_2$以外の銅塩の水溶液を用いて生成した銅樹についても、銅樹の組成にCu_2Oが含まれていれば、銅塩の種類にかかわらずこの生成モデルが成り立っていると考えられる。

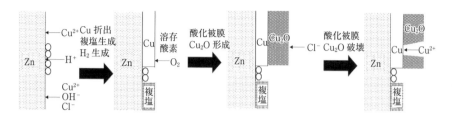

図14　銅樹の生成モデル

銅塩の種類と銅樹生成速度

1　さまざまな銅塩を用いた銅樹の生成と［Cu²⁺］の推移

(1)　実験方法

　0.10 mol/L の CuCl₂、CuBr₂、CuSO₄、Cu(NO₃)₂ 水溶液 100 mL を調製し、それぞれの水溶液 40 mL に亜鉛板を入れ、水溶液中の ［Cu²⁺］を 15 分ごとに 60 分間定量した。また、生成した銅樹を水洗し、それぞれのサンプルの XRD 測定を行った。また、それぞれの水溶液の pH を pH メーターを用いて測定した。

(2)　実験結果と考察

　それぞれの銅樹の組成を**表4**に示す。(CuCl₂ は表 1、Cu(NO₃)₂ は表 2 に記載) 銅塩を用いて生成させたすべての銅樹について、Cu と Cu₂O を含むことが明らかになった。いずれの銅塩を用いた銅樹にも Cu₂O が含まれていることから、私たちが提案した銅樹生成モデルの反応が進行すると考えられる。また、このモデルに基づいて、酸化被膜 Cu₂O の破壊のプロセスで陰イオンの種類の違いが銅樹の組成や生成速度に影響を及ぼしていると考えられる。

　以上から、銅塩の種類によらず、銅樹の生成モデルが成り立ちいずれの銅塩も Cu₂O が生成していることが明らかになった。なお、複塩の組成や種類は、水溶液中に存在するイオンや液性条件により異なると考えられる。

　次に、［Cu²⁺］の濃度推移を**図15**に示す。NO₃⁻<SO₄²⁻<Cl⁻<Br⁻の順に

表4　Zn＋0.10 mol/L の銅塩水溶液の銅樹の組成

成分	各成分の組成（%）	
	CuSO₄ 水溶液	CuBr₂ 水溶液
Cu	13.8	81.4
Cu2O	85.3	18.2
CuSO₄・5H₂O	0.9	
CuBr		0.4

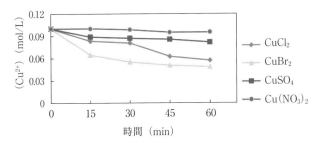

図15　さまざまな銅塩を用いた時の［Cu²⁺］推移

　濃度が減少していた。また、銅樹の観察を通して、CuSO₄ は Zn 板の表面に黒色の銅樹ができるが、茶色の銅樹は見られなかった。また、ハロゲン化物イオンを含む銅塩を用いると、はじめは黒色の銅樹ができるが、茶色い銅樹が15分以降に成長し続けていた。つまり、銅塩で茶色の銅樹を生成させるには、ハロゲン化物イオンを含む銅塩を用いなければならないことがわかる。

　次に、ハロゲン化物イオンを含む銅塩 CuCl₂ と CuBr₂ を用いた時に生成する銅樹の組成に注目する。CuCl₂ に比べて、CuBr₂ の方が Cu の組成がはるかに多いことが明らかになった。図14 の生成モデルから考えると、CuBr₂ の方が被膜破壊が頻繁に起こり、Cu の生成が促進されているためだと推察される。そこで、ハロゲン化物イオン Br⁻ と Cl⁻ の水溶液中での拡散速度と pH に注目してこの現象を考察した。

2　ハロゲン化物イオンの拡散速度と銅塩の水溶液の pH

　まず、イオンの拡散速度について考えるため、水和イオンの大きさから

考える。中原らは、水溶液中における水和イオンの大きさを求める方法を確立した[8]。彼らの報告によると、ハロゲン化物イオンの水和分子数（水が水和する個数の平均）と有効半径（水和イオンの大きさ）は、**表5**の通りであった。この順序に基づくと、Cl^-の水和イオンの方が大きい。また、水和イオンが小さいほど水溶液中の拡散速度が大きいと考えられる。ハロゲン化物イオンが酸化被膜の破壊を起こすことを考えると、Br^-の方が拡散速度が大きく、より頻繁に被膜を破壊することができると推測される。つまり、Br^-の方がCu_2Oの酸化被膜を頻繁に破壊することで、Cuの組成が多くなったと考えられる。

表5　水和イオンの水和分子数と有効半径[8]

	水和分子数 [−]	有効半径 [Å]
Cl−	2.6	2.90
Br−	1.5	2.64

表6　各水溶液 0.10 mol/L の pH

	CuCl₂	CuBr₂
pH	3.55	4.22

　しかし、それぞれの水溶液のpHは**表6**の通り$CuBr_2$の方が低い。酸化被膜の破壊には、酸性条件とハロゲン化物イオンの2つが関係し、ハロゲン化物イオンの影響がより強いと考えられる。したがって、$CuBr_2$水溶液を含む銅塩の方がBr^-の拡散速度が大きく、被膜破壊が頻繁に起こることで銅樹がより大きく生成し、銅樹の組成もCuが多く含まれると考えられる。

3　酸化被膜 Cu₂O を破壊する速さの比較

（1）実験方法

　$Cu(NO_3)_2$と$NaCl$をそれぞれ0.10 mol/Lに調整した混合水溶液を調整し、亜鉛板を用いて水溶液中の[Cu^{2+}]を15分ごとに60分間定量した。この$NaCl$を$NaBr$、Na_2SO_4に変えて同様の実験を行った。

（2）実験結果と考察

　図16に実験結果を示す。$Cu(NO_3)_2$水溶液に何も加えていない時はほとんど反応せず、Na_2SO_4を加えるとやや反応している。このことから、酸化被膜の破壊の作用は、NO_3^-よりもSO_4^{2-}の方が大きいと考えられる。また、

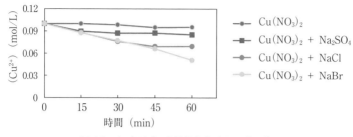

図16　Cu(NO₃)₂水溶液と各ナトリウム塩

$[Cu^{2+}]$ の推移から、NO_3^- や SO_4^{2-} に比べて、Cl^- と Br^- は、明らかに酸化被膜の破壊の作用が大きいことが明らかになった。

　しかし、NaCl と NaBr の条件は、15 分から 45 分間はほとんど同じ濃度推移であり、60 分後に NaBr の方が濃度が低くなっている。図16 からだけでは $Cl^-<Br^-$ の順に酸化被膜の破壊作用があるとは言い切れず、図15 と異なる結果が得られている。Cl^- や Br^- がどのようなプロセスで Cu_2O 酸化被膜を破壊していくのかを明らかにできれば、この結果の説明ができる可能性が高い。この点については、今後の検討課題としたい。

　以上から、銅樹の組成は銅塩の種類にかかわらず Cu と Cu_2O を含むことを明らかにした。また、銅塩の種類によって銅樹の生成速度が異なり、それは酸化被膜 Cu_2O の破壊の段階で陰イオンの種類が関係していることを明らかにした。ハロゲン化物イオンを含む銅塩については銅樹の生成速度は非常に大きく、それには、水和イオンの拡散速度が関係していると考えられる。

本研究のまとめおよび今後の課題

　本研究では、亜鉛と銅塩の水溶液を用いて生成する銅樹の組成と生成過程に注目して研究した。まず、銅樹の組成について、$CuCl_2$ 水溶液ではじめに生成する「黒色銅樹」には、Cu_2O、Cu、$Cu_2(OH)_3Cl$ が含まれ、Cu 以外の影響で黒色に見えることを明らかにした。また、あとに生成する

「茶色銅樹」には、Cu_2O、Cu のみが含まれることが明らかになった。

　一方、銅樹の生成過程について、Zn 表面への Cu の析出、溶存酸素による Cu_2O 酸化被膜の生成、酸性条件下の Cl^- による酸化被膜の破壊が段階的に生じていることを見い出した。また、銅樹が生成しはじめて間もない時は、Zn 表面上で H_2 の発生、複塩 $Cu_2(OH)_3Cl$ の生成が同時に生じており、これらをまとめた銅樹の生成モデルを提案した。

　さまざまな銅塩で銅樹を生成すると、すべての銅樹の組成に Cu と Cu_2O が含まれることが明らかになり、提案した銅樹の生成モデルが成り立つことを確認できた。また、銅塩に含まれる陰イオンの種類により銅樹の生成速度が異なるのは、酸化被膜 Cu_2O の破壊に銅塩の陰イオンが関与していることを明らかにした。特に、ハロゲン化物イオンを含む $CuCl_2$ と $CuBr_2$ の水溶液で亜鉛板を用いて銅樹を生成させると、$CuBr_2$ は銅樹の生成速度が大きく、Cu の組成も多かった。これは、水和したハロゲン化物イオンの水溶液中での拡散速度が酸化被膜の破壊の頻度に関与していると考えられる。

　今後の課題としては、酸性条件下で被膜の破壊が生じる要因やそのメカニズムが未解明である。これらを解明するため、Zn 板や銅樹表面の構造を電子顕微鏡を用いて明らかにすることができれば、酸化被膜の破壊プロセスを理解できる可能性が高い。また、この点について、酸化被膜の構造やその性質について検討したい。

〔謝　辞〕

　本研究を進めるに当たり、国立研究開発法人物質・材料研究機構の松下能孝さまに XRD 測定をお願いしたところ、ていねいに分析してくださり、研究を大きくすすめる手掛かりとなった。本当にありがとうございました。

〔引用文献〕

1)　実教出版編集部（2019）　サイエンスビュー　p92
2)　伊藤柚里「第 60 回日本学生科学賞作品（2016）　銅樹の異方性と生え方の研究〜もっと真っ直ぐ平らな面に！＆なぜ銅樹はろ紙の下側に生えるのか〜」

3) 大村啓貴、針生崇文「第 55 回日本学生科学賞作品（2011）　銅（Ｉ）の水酸
化物と光沢銅樹の生成　～その銅樹、ちゃんと光ってますか！～」

4) 東京化学同人（1996）　シュライバーアトキンス無機化学（上）（第 6 版）
p198-203

5) 藤野由香、天本智咲、原田美夢「第 55 回日本学生科学賞作品（2011）　鉄の
急激な腐食進行とその応用～」

6) 岩渕陽、笠原康太郎、佐々木偲人、佐藤理来、平戸李奈「第 62 回日本学生
科学賞作品　（2018）　有機溶媒中での金属析出の研究～銅表面への鮮やかな
青色着色「三高ブルーの発見」～」

7) 日本化学会編「新実験化学講座　分析化学［Ｉ］」p380-p381 丸善株式会社
（1975）

8) 中原勝、清水澄、大杉治郎「伝導度法による水和分子数の計算」p785-p789
日本化学雑誌（1971）

●
優秀賞論文

受賞のコメント

受賞者のコメント

正確なデータから
推論することの重要性
●化学部　2年

能智航希（化学部部長）

　美しい銅樹の生成を目指して、銅樹の組成と生成過程について半年間研究を行った。実験を進めていく中で、化学実験室の設備だけでは解明できない現象に遭遇した。そこで、今回、NIMS の松下様にアドバイスをいただいて分析を行うと、銅樹にはさまざまな物質が含まれることが判明し、とても驚いた。また、この結果から「銅樹生成モデル」を確立できたときは、達成感を味わうと同時に、ようやく研究のスタートラインに立てたと感じた。このことから、研究に行き詰ったときに正確なデータから推論することの重要性を身をもって体験した。これまでともに研究を行ってきた部員、そして、指導してくださった先生方に感謝したい。

指導教諭のコメント

研究者との「ご縁」ではじまったブレークスルー
●愛媛県立西条高等学校　教諭　大屋智和

　半年間という短い研究期間ではあったが、さまざまな角度から議論を重ねながら実験を進める生徒の姿を見ていると、頼もしく感じた。また、銅樹生成過程の探究は、生徒にとっても私にとっても新鮮な研究活動であった。夏休み1カ月もの間、実験が上手く進まず困った苦い経験も、研究の楽しさと大変さの両方を味わう貴重な機会であったと思う。

　今回、NIMS の松下様からのご助言と試料分析の結果から、研究が大きく進展したことは間違いない。このような「ご縁」のおかげで、私たちの追い求めていた銅樹生成過程に近付けた気がする。研究でつながった「ご縁」をこれからも大切にして、さらに研究活動を発展させる化学部であって欲しい。

優秀賞論文

未来の科学者へ

科学において物事を観察することはもっとも大事な作業

　本研究は、亜鉛と銅イオン水溶液を用いた銅樹の生成実験に関するものである。用いた塩の種類により生成する銅樹の外見や大きさが異なることに着目し、銅樹の化学組成と生成過程について調べている。金属樹は高校化学の定番実験であるが、実験者の生成物に対する素朴な疑問から詳細な検証研究へと展開しており、プロの研究者も見習うべき良い着眼点だと感じられた。

　実験者は生成物をよく観察し、分析結果に基づき仮説と検証を繰り返して結論を導いている。研究の過程で、外部研究機関への委託による高度な機器分析実験も取り入れられているが、実験者はこの委託分析を考察の裏付けへの使用にとどめており、高校生らしい研究内容を損なうことなく研究の質向上に成功している。

　本研究は丁寧な分析実験が多く、5名の高校生が大きな労力を割いたと想像できる。論文自体ではさまざまな実験データに加えて反応モデルの概念図などを取り込み読みやすくまとめられている。現状でも大変立派な内容だが、所望の外観をもつ銅樹の作製にチャレンジし、提唱した化学反応モデルの正当性を検証することができれば、大学の卒業論文顔負けの素晴らしい内容に仕上がるのではないだろうか。将来、実験者が本研究での経験に基づき、大学でも化学分野の研究に打ちこんで研究者を目指していって欲しい。

　科学において、物事を観察することはもっとも大事な作業である。実際、ノーベル賞に繋がるような世紀の大発見は研究者の鋭い観察力・洞察力によりもたらされることが多い。本研究は、観察の重要性を改めて認識させられる内容であった。

（神奈川大学工学部　教授　本橋　輝樹）

努力賞論文

●

努力賞論文

火が消えやすい音の条件とは
（原題）音で火を消す

岩手県立一関第一高等学校　理数科
３年　村川 一葉　千葉 愛夏　阿部 日向子　岩渕 千佳　小幡 捺　加藤 千尋

●

火が消えやすい音の条件について調べる

　私たちは、音で火を消すことができることを知り、水や消火剤のように多くの資源を必要としない音は火を消す道具として有効だと考え、火が消えやすい音の条件について調べることにした。

　音は、大きさ、高さ、音色の３つの要素で構成されている。音が出る時、周りの空気は圧縮と膨張を繰り返し、圧力が高い密部と圧力が低い疎部ができる。これらが繰り返されることで空気が振動し、縦波となる。管の中で定常波ができる時、「共鳴」という現象が起こる。共鳴する条件下では開管の端は腹となるため、空気は激しく振動する。

　これらを踏まえて私たちは、①空気が激しく振動する部分は腹であることから、共鳴する環境を作れば火は消えやすい。②高周波の方が、振動数が大きいため消えやすい。③音が大きい方が消えやすい。という３つの仮説を立てた。

調査の手順

1　共鳴する環境・周波数・音圧と消火の関係

　火が消える条件に「共鳴」が関係しているか調べるため、**図1**のように
スピーカ、塩化ビニル管、ろうそくを一直線上に設置し（日本ガイシ，
2017）、スピーカの音を徐々に大きくしてろうそくの火が消えるか調べた。
測定に用いた音圧計（BENETECH 製，GM-1352）の測定誤差は±1.5
dB、測量範囲 30〜130 dB である。使用した塩化ビニル管の長さ l は 0.5
m、1.0 m、1.5 m の 3 種類で、それぞれの管で基本振動による共鳴が生じ
る場合のみを考えると、それぞれの管の基本振動数 f [Hz] は、音速 V
[m/s] を 340 m/s、波長を λ [m] として、$V=f\lambda$ と $\lambda=2l$ の 2 式より、
340 Hz、170 Hz、113 Hz となる。しかし、実際には音速は気温によって変
化し、$V=331.5+0.6t$ の関係式で表される。

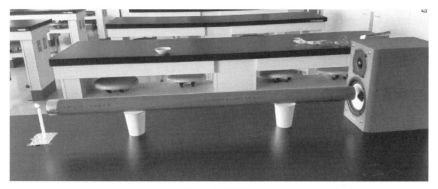

図1　実験装置

　この気温による誤差を修正するために、実験時の気温を測定し音速を求
め、これを $V=f\lambda$ に代入して実際の気温に即した基本振動を行う管の長さ
を求めた。この理論上の管の長さと実際に用意した管の長さの差だけ管口
から離れた位置にろうそくを配置した。

さらに、周波数は変えず、管の長さのみを変えて共鳴しない環境を作り火が消えるかを調べた。結果を**表1**に示す。

表1　実験結果一覧

《共鳴する点の場合》

管の長さ ℓ [m]	周波数 f [Hz]	消火の有無	音圧 P [dB]
0.5	340	×	–
1.0	170	◎	110 dB
1.5	113	◎	89.5 dB

《共鳴しない点の場合》

管の長さ ℓ [m]	周波数 f [Hz]	消火の有無	音圧 P [dB]
1.0	113	×	–
1.5	170	×	–

　管の長さが 1.0 m（170 Hz）と 1.5 m（113 Hz）の場合には、共鳴する条件下（以下、共鳴下と呼ぶ）では火が消え、共鳴しない条件下（以下、非共鳴下）では火は消えなかった。これより、音で火を消すためには共鳴する環境が必要であるとわかり、仮説①は実証された。一方、0.5 m（340 Hz）の場合には共鳴が生じているにもかかわらず火は消えなかった。また、管の長さが 1.0 m（170 Hz）の時より 1.5 m（113 Hz）の時の方が小さい音圧で火が消えた。これらのことから、周波数が低い方が火を消しやすいと考えられ、仮説②は棄却された。また、スピーカの音量を上げていくと火が消えたことから、音圧が大きいほうが火を消しやすいことがわかり、仮説③は実証された。

2　管口部における空気の流れの可視化

　音によって火が消えたことを確認するために、共鳴点での空気の流れの様子について調べた。測量範囲 0.4〜30.0 m/s の風速計を用いて測定を試みたが、生じる気流が微弱なため計測できなかった。そこでドライアイスの煙を使って空気の流れを可視化した。管の長さ 1.0 m、周波数 170 Hz の共鳴下で、管の先にドライアイスを入れたバットを置いたところ、ドライア

イスの煙が音の出力により管口を出入りする様子が見られた（図は示さない）。一方、非共鳴下では管口でのドライアイスの煙に動きは見られなかった。

　以上のことから、共鳴点で発生した風によってろうそく（パラフィン）のガスが失われ、燃料供給が途絶えたために火が消えたと考えられる。

3　音圧の鉛直断面分布と消火との関係

　「2」のように、3つの仮説について検証できたので、新たに、④音を大きくすれば離れた場所でも火は消える、⑤火を消すことができる周波数帯が存在する、という2つの仮説を立て検証実験を行った。

　音圧を大きくすれば離れた場所でも火が消える可能性があると考え、音圧と消火の関係について調べた。管の長さが、0.5 m、1.0 m、1.5 mの三種

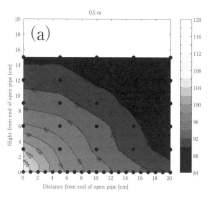
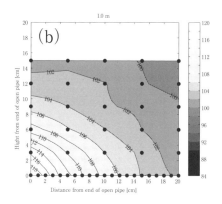
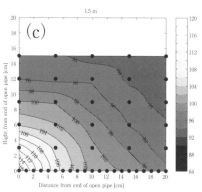

図2　音圧の鉛直断面分布。(a) 管の長さが0.5 m、(b) 1.0 m、(c) 1.5 mの場合を示す

類の塩化ビニル管を用意し、前述の「火が消えた時の最小音圧」を参考にして、それぞれ共鳴する音をスピーカから出して、火が消えた点での音圧を測定した。その際、管口部の中心を原点とする計測点を定めた。計測点は、鉛直方向には3cm間隔で設定し、水平方向には原点と同じ高さのみ1cm間隔、他の高さでは5cm間隔で音圧を測定するとともに、ろうそくが消火する範囲を調べた。その結果を**図2**に示す。図中の黒点は計測点である。縦軸は管口からの高さ、横軸は管口からの水平距離を示している。色が薄いほど音圧が大きく、色が濃いほど音圧が小さいことを表している。これより、どの管においても管口部で音圧が大きく、管口から同心円状に減少していることがわかった。ろうそくの火は、管の長さが1.0mの時に音圧106dBで高さ0cmから3cmの範囲で消えた。1.5mの時は100dBで高さ0cmから2cmの範囲で消えた。また、管口上部や管口から離れた部分では、火が消えた最小音圧より大きい音圧が観測されていたにもかかわらず、火が消えなかったことから、「2」のとおり、共鳴点で発生する風によって火が消えていると考えられる。

　以上より④の仮説は正しくないと考えられる。

4　火が消える音の周波数帯

　管の長さ0.5mの時に周波数340Hzで共鳴が生じているにもかかわらず、火が消えなかったことは前述した。そこで火を消すことができる周波数の範囲を調べるために、管の長さを0.3mから5.0mまで10cmずつ伸ばし、それぞれ共鳴する周波数の音を出して火が消える最小音圧について調べた。実験は複数日にわたって行われた。その実験結果が**図3(a)**である。横軸は管の長さ、縦軸は火が消えた最小音圧を表す。管の長さを短くするにつれて、出す音の周波数が細かくなるが、それを再現することが難しいため、正確に火を消すことができる最大周波数を求めることはできなかった。今回は管の長さ5.0m、周波数34Hzまで実験を行い、火は消えたが、用具の都合でそれ以上の長さの実験をすることが難しく、最低周波数を求めることはできなかった。

　グラフを見ると、管の長さ2.5m付近において谷のようになっていることがわかる。このことから、60Hzから70Hzにかけてもっとも小さい音

圧で火が消えることが考えられる。

　以上より、高い周波数の時は安定して火が消えなかったこと、また5.0 m（34 Hz）まで火が消えたため、消火可能範囲を求めることはできなかったが、60 Hzから70 Hzにかけてもっとも小さい音圧で火が消えると考えられる。

結果を検証する

　「4」では、各管の長さにおいて1回または2回しか実験を行っておらず、試行回数が十分とはいえない。また、数日にわたって実験を行ったことで、実験時の気温を一定にすることもできなかった。そのため、管の長さ2.5 m付近においてもっとも小さい音圧で火が消えたという結果が有意とは言いきれない。

　そこで、火が消える最小音圧の値が60 Hzから70 Hzの範囲で最小になるか統計的に解析するため、管の長さ0.5 mから0.5 mずつ伸ばしていき、5.0 mまで「4」と同様の実験を各10回行った。結果を**図3(b)**に示す。

　「4」で示したとおり、高周波数帯においては周波数が小さくなるほど火が消える最小音圧は小さくなった。これより管の長さが2.5 m（68 Hz）の時を除くと、2.0 m

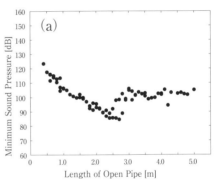

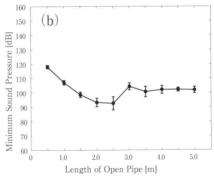

図3　管の長さと火が消えた時の最小音圧の関係。(a) 複数日の結果　(b) 検証実験の結果

（85 Hz）の時の最小音圧が他より有意に小さいことがわかった。また 3.0 m
（57 Hz）より管を長くしても有意な差は見られなかった。

　以上より、2.0 m から 2.5 m 付近、つまり、60 Hz から 80 Hz においても
っとも小さい音圧で火が消えるといえる。

火の消え方の考察

　これまでに、低い周波数
帯の音と高い周波数帯の音
では火の消え方に違いがあ
ることがわかった。低い周
波数帯にある 42.5 Hz の音
の火の消え方を見てみる
と、音が徐々に大きくなる
につれ火が前後方向に揺れ
始め、十分に揺れが大きく
なったところで火が消えた
（図 4(a)）。一方、高い周
波数帯にある 340 Hz の音
の火の消え方を見てみる
と、音が大きくなっても火
はあまり揺れず、徐々に倒
れていき小さくなって火が
消えた（図 4(b)）。

　違いが現れた理由として
次のことが考えられる。低
い周波数帯の音では振動数
が小さいため、空気の移動
範囲は広い。さらに音圧が

図 4　ろうそくの火が消えるまでの様子。(a) 低い周
波数の音（管の長さ 4.0 m、42.5 Hz）(b) 高
い周波数の音（管の長さ 0.5 m、340 Hz）

大きくになるにつれて共鳴点で発生する風が強くなり、周囲にあるロウの気体が吹き飛ばされた。また、風によりろうそくの芯の温度が下がったためロウの気化が止まり、火が消えたと考えられる。

　一方、高い周波数帯の音は振動数が大きいため、空気の移動範囲は狭い。そのため音圧を大きくしてもロウの気体を吹き飛ばすほどにはならないが、空気は狭い範囲で前後に素早く移動する。その結果、燃焼によってろうそく周辺の空気に含まれる酸素が減り、火が消えたと考えられる。

結　論

　音によって火が消える条件を、共鳴する環境や音圧との関係に着目して調べた。音で火が消えるためには共鳴する環境が必要であるとともに、60 Hz から 80 Hz でもっとも空気の振動が激しくなり、最小の音圧で火を消すことができることがわかった。また、高い周波数の音と低い周波数の音では火の消え方が違うことがわかった。

〔謝　辞〕

　本研究を進めるに当たり、ご指導いただいた柿木康児先生には厚く御礼を申し上げます。本当にありがとうございました。

〔参考文献〕

日本ガイシ（2017）：NGK サイエンスサイト、https://site.ngk.co.jp/lab/no224/.
　（参照 2020-3-11）

努力賞論文

受賞のコメント

受賞者のコメント

研究の楽しさや可能性を
実感することができた

●岩手県立一関第一高等学校理数科　3年

村川一葉　千葉愛夏　阿部日向子　岩渕千佳　小幡 捺　加藤千尋

　音で火を消す現象について知ったことをきっかけに興味をもち、この研究を始めた。初めは音で火を消す環境を作ることが難しく、安定して火が消えるようになってからも、実験方法を一から考え、それに対して考察をすることに大変苦労した。しかし、身の回りにあるものを使い、工夫して実験を進め、結果がでたことは嬉しかった。また、研究を進めるとともに新たな結果が得られるにつれて、研究の楽しさや可能性を実感することができた。

　そして今回このような賞をいただくことができて大変光栄に思う。ともに研究をした仲間、ご指導いただいた先生方に感謝の意を示したい。必ずこの研究を通して得た力を今後活かしていきたい。

指導教諭のコメント

一緒に議論することが楽しい研究だった

●岩手県立一関第一高等学校　教諭　柿木康児

　2年生の春に研究テーマについて聞いた時、生徒は物理基礎を学び始めたばかりだった。音に関する物理について自力で学び進めながら、音で火が消える装置を作成し、実験を繰り返していた。そんな形でスタートしたこの研究だが、生徒は「なぜ、どうしてそうなるのか」を生徒同士や私と議論しながら研究を深めていった。「深く追及する」というのは容易だが、それを実行することには相当な努力が必要になる。生徒は、中途半端な結果で終わらせることなく、さらに追実験をするなど粘り強く努力を重ねていった。その継続がこのような結果につながり、指導者としても大きな喜びを感じている。

未来の科学者へ

「あれ？」を伸ばそう

　この論文は、管の一端近くで一定振動数の音を出したとき、他端に置いたロウソクの炎が消える条件を求め、炎が消える原因を検討している。管の長さを変えたときに炎を消す音圧がどのように変化するかの結果は、非常におもしろい。短い範囲では長くなるにつれて炎を消す音圧が低くなるが、2.5mと3mの間で最小値をとり、これ以上の長さではこの最小値より大きな値でほぼ一定になる。そして、炎の消え方を記録した写真から、炎が消える音圧の特性が異なる2つの領域で消え方も異なっていることが示されている。素晴らしい!!

　実は、管から流体が出たり入ったりするとき、吹き出す方向に時間平均的な流れが生じることが多い。これは、吸い込むとき（管の出口付近の圧力が下がったとき）はさまざまな方向から流体を吸い込むのに対して、吐き出すとき（管出口で外向きの流れがあるとき）は、管内で作られた流速分布に対応する慣性力を持ったまま、流れはあまり広がらずに流れる、というのがその原因である。いろいろな現象を見て「あれ？」と思ったら、それについて考えたり、調べたり、相談してみるとよい。

　この論文には少し残念な点がある。写真から見た火の消え方の考察である。図4に示された消える直前の映像には大きな違いがある。図4（a）では、内炎が芯の上方に残っている。これに対して図4（b）では、芯の上方は低温の炎心である。炎からパラフィンの池への熱放射が異なり、燃焼の維持に大きく影響を与える可能性が高い。消えた後に漂っているパラフィンの蒸気が多いか少ないか（においで検知できそう）や、ロウソクが短くなる速さなどを調べてほしかった。科学の実験では、よく観察すること、そしてそこから現象を起こす主要な素過程（燃焼、パラフィンの蒸発、蒸発潜熱の吸収、その熱源）を引き出すことが重要である。

（神奈川大学工学部　教授　原村　嘉彦）

努力賞論文

効率的なペットボトルロケット 打ち上げと風洞製作

（原題）風洞製作とペットボトルロケットへの応用

渋谷教育学園幕張高等学校
ペットボトルロケット愛好会　KRC-H
1 年　髙原 大雅　北村 誠一　片倉 大翔　大屋 孝輔　井出 麟太郎

はじめに

　私たちは、ペットボトルロケットの打ち上げを 3 年前から行っている。その中で、空気抵抗を測定する必要性を感じ、より効果的に打ち上げを行うために風洞を製作した。今年度は、風洞の精度を上げるために多くの改良を行った。改良による風洞装置の精度の向上と、ペットボトルロケット打ち上げ時の空気抵抗の影響を考察する。

　改良前の風洞を 1 型、改良後のものを 2 型と呼ぶことにする。**図 1** に 2 型全体の構成を示す。

風洞各部の製作と改良点

1　基本的な仕組みと全体構造

　吸気ユニットの前面から煙を流し、排気ユニットを構成する DC ファン

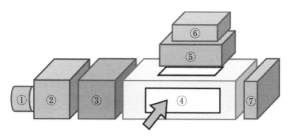

図1　風洞の構成図（2型）
①スモークマシン、②通気ユニット、③吸気ユニット、④観測ユニット（側面枠…観測窓、天井枠…照
　明窓）。⑤スリットユニット、⑥照明ユニット、⑦排気ユニット、矢印…撮影方向

により風洞内の空気を吸引する。観測ユニット上部の照明によって煙を照
らし、空気の流れを可視化する（実験中は部屋の明かりは落とす）。風洞は
全体的に壁がプラスチック板で構成されている。断面は約45cm四方であ
る。周りのわずかな光の反射を防ぐために、黒ビニール袋で覆った。機密
性を高めるために、吸気ユニット、排気ユニット以外は、実験中は密閉し
ている。

2　スモークマシン　通気ユニット

　風洞に煙を流すためのユニットで、1型では線香で煙を発生させていた。
線香の場合、煙が持続的に出るが、1本1本から出る煙の量が少なく、観
測の際に煙の量にムラが生じてしまう。また、まとめて煙を発生させると、
炎が上がる危険や煙自体が部屋に充満するという害もあった。

　2型では、舞台などでの演出で用いられるスモークマシンを使用し、こ
れらの問題を解決しようとした。一度に大量の無害な煙を噴射するため、1
型での問題はすべて解決された。一方で、使用した機器は噴射する煙の量
の調節ができないため、持続的に煙を噴射してしまうと観測に適する限度
量を超えて観測対象が見えなくなってしまう。また、最初の噴射は煙の量
と勢いがあり、連続的な風の流れの中での観測が難しかった。そこで、噴
射する時間を数秒にし、観測は噴射直後ではなく、量が多くて速い煙が過
ぎてからとした。観測できるのは10秒前後であるが、情報を手に入れるの
には申し分なかった。また、通気ユニットを設置することによって、勢い
のありすぎる煙に、ある程度ブレーキをかけて煙のムラがさらに減るよう

にした。

3　吸気ユニット

空気が直線状に流れ、それに沿って煙が流れる整流器の役割をするユニットである。スギ木材の枠で作ったユニットは、樹脂製ストロー1万本を数十本のトイレットペーパーの芯の中に詰めて、分割して作成した。ストローの太さが4 mmであることから、この整流器を用いることで風洞の理論上の最高分解能は4 mmになると考えられる。

4　観測ユニット

目標物を設置し、空気抵抗を観測する部分になる。側面にはカメラで観測するための窓がある。1型では透明なプラスチック板を使ったが、線香の煙などで汚れてぼやけてしまっていたため、2型ではアクリル板を採用し、透明度を格段に向上させた。天井にある窓は上の照明の光を中に通すためにあるが、風洞全体の機密性を高めるために、1型では透明なプラスチック板、2型ではアクリル板を用いて隙間を閉じた。カメラから見える風洞の内壁には植毛紙を貼り、光の反射を防いで見やすくしている。

5　排気ユニット

大きなファンを用いると、それによる大きな渦が空気の流れとして出てきてしまうと考え、小さなファンを多く設置した。具体的には、スギ木材で作った骨格内に、75 mm四方ごとに32個のDCファンを設置した。電源は並列に接続してある。DCファンの最高風速は1台当たり約6 m/sと遅いが、風洞全体に、30 cm/sほどの空気が流れるようになっている。

6　照明ユニット　スリットユニット

照明は1型では60 Wの電球、2型では机上用の長い平らな蛍光灯を用いた。2型では、スギ木材で骨格を作ったところにラシャ紙で約1 cm幅のスリットを2枚付け、その幅の平行光線で照らすことを試みた。さらに、スリットと照明の間には乳白色のアクリル板を設置し、散光板の役割を持たせた。このユニットにより、任意の断面の空気の流れを捉えることができるようになった。いわば、走査線型の風洞観測が可能になったのである。

7　撮影機器

風洞運用の際には部屋を暗くし、黒ビニール袋などを使用し、カメラ周

りや照明付近を覆い、光の反射を抑えた。カメラは1型ではハイビジョンカメラ（ソニー製）を使用したが、2型では、天体観測用のハイスピードカメラ（ZWO 製）を 4K 解像度で使用した。

風洞の運用

　スモークマシンで煙を流し、煙の様子を見ながら録画をする。目標物やスリットの位置によって光の具合が違ってくるため、適宜カメラの露出や解像度などを調整する（**図2**）。

図2　風洞運用風景（部屋の照明 ON）手前が吸気側

風洞実験の結果と考察

1　コップと箱

　まず、試しの運用として箱の上にコップを置いたものを使った（**図3**）。風がコップの後ろに回り込み、渦を巻く様子が捉えられた。ペットボトルや水筒などでも試したところ、いずれも風が頂点を通り越して地面へ下降し、渦を巻く様子が捉えられた。風に対してビルなどの裏に回ると、陰圧

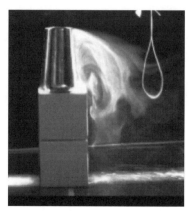

図3　風洞実験結果（コップと箱）

が生じて風が吹き込むと考えられる。このように、細かな構造まで観測することができた。

2 ペットボトルロケット　ノーズ部分

　ペットボトルロケットの先端部分を見てみた（**図4**）。ノーズコーンは市販のものを使用しているが、スムーズに空気が流れているといえる。先端が細長ければ細長いほど、その流れがさらによくなることは明白である。

図4　風洞実験結果（ノーズ部分）

3　ペットボトルロケット　羽部分

　ペットボトルロケットの後方についている羽を見てみた。しかし、羽がスリットの幅よりはっきりとは見ることができなかった。斜めに羽を設置

してみると、若干の渦が見えた程度でいちじるしい変化は得られなかった。しかし、他の実験と大きく条件を変えていないことから、羽の空気抵抗の少なさを推測することもできる。斜め羽に関しては、実際ロケットを打ち上げると回転するが、若干の空気抵抗によって回転が生まれていると推測できる。

4　ペットボトルロケット　スカート部分

　スカートとは、ペットボトルロケットにおいて、発射時などの部品の飛散を防止するために噴出口周辺についているものである。それの有り無しでの比較、また、それぞれ同じものを1型、2型でとったときの比較も合わせて見てみた（**図5**）。

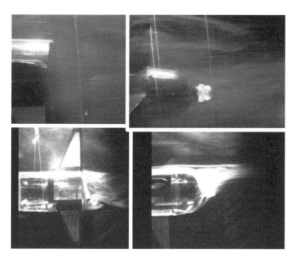

図5　ロケット本体を使用した各種風洞実験　142338
（左上から順番に、スカート有り　風洞実験結果（1型）、スカート無し　風洞実験結果（1型）、
スカート有り　風洞実験結果（2型）、スカート無し　風洞実験結果（2型））

　まず、上段画像1型風洞と下段画像2型風洞の実験結果の比較だが、スカート有りについてはスカートの中へと入り込む渦が発生していることがわかるが、2型の結果の方がより鮮明に現れている。スカート無しについても同様で、2型の方が精度の高さが見てとれる。スカート無しの場合は

ペットボトルの口付近の小さな溝に渦が巻き込んでいる様子までも見ることができる。

　スカートの有無で比較をすると、スカート無しの方が空気抵抗の少ない様子が見て取れる。打ち上げの際に安全が確保できるのであれば、スカート無しの方が空気抵抗を抑えた効率良い打ち上げが可能であると考えられる。

風洞実験の今後

　風洞の改良によって、精度の高い空気の流れを視覚化することができた。1型から2型への改良によって、スモークマシン、スリット照明、カメラが大きく変わった。動画はもちろんのこと肉眼でもはっきりとわかる成果を得ることができた。

　成果が上がった一方、空気抵抗について、「大きい・小さい」、「他と比べてどうなっているか」というある意味ざっくりとした判断しかできず、それが実際どの程度のもので、ロケットであれば、どのように打ち上げ時にかかわってくるかなどを判断する指標が無い。細かい数値化をするのは自作風洞においては限界があると思うが、風の流れの速さと、巻き込み方から推測することは可能なのではないかと考える。これとロケット打ち上げのデータと組み合わせれば、精度の高いロケット開発ができるのではないだろうか。

　また、風洞装置の活用に関して言えば、ビル風の観測をはじめ、いろいろなものに応用が可能だと考えられる。ペットボトルロケット以外への応用も考えたい。

〔謝　辞〕

　今回の実験にあたって、さまざまな面でサポートしてくださった鈴木文二先生をはじめとする諸先生方、ならびに資材提供や作業の手伝いなどの協力をしてくれた友人、打ち上げ実験の時にグラウンドを提供してくださ

った方々に感謝申しあげます。

〔**参考文献**〕

1) 「日本ペットボトルロケット競技規則」　日本ペットボトルロケット協会 (1997)
2) JAXA 宇宙航空研究開発機構ホームページ (http://www.jaxa.jp/)
3) Ames Research Center ホームページ (https://www.nasa.gov/ames)

●
努力賞論文

受賞のコメント

実際に試してみようとする研究姿勢が大切だと感じた

●渋谷教育学園幕張高等学校

ペットボトルロケット愛好会　KRC-H

　今回、このような賞をいただき、とても嬉しい。私たちは中学からペットボトルロケットの打ち上げ実験を行っており、現在は2段式の研究開発に挑戦中である。その中で風洞を製作・改良し、空気抵抗観測を行ったのが本研究である。正直、ロケット周辺の空気抵抗は経験から推測が可能で、実際の結果でも大きな見当違いは起きなかった。しかし、スカート周辺の空気の巻き込みなど予想外の結果も得られた。こうしたことから、実際に試してみようとする研究姿勢が大切だと改めて感じた。また、本研究では数量的な観測、考察が成せなかったため、そこの改良を今後の課題にしたいと思う。

指導教諭のコメント

身近にある材料を生かした創意工夫に溢れる実験

●渋谷教育学園幕張高等学校　教諭　鈴木文二

　今回の彼らのチャレンジは風洞実験装置である。これは、今までの活動の流れからすれば、必然的な結果だろうと想像する。風洞製作にあたり、安定した層流を作り出すためのストロー、小径ファンなど、身近にある材料を生かした創意工夫は高校生らしい。もっとも驚く構造は、可視化のためのスリット方式を用いた光源である。この工夫は、装置の価値を飛躍的に高めたと言って良い。実験を見学させてもらったが、眼前に広がる乱流の姿は美しく、感動的ですらあった。この装置から得られる結果は、まだまだこれからだと思うが、これほどの高精度の装置をロケット実験だけではもったいないと感じる。彼らがサイエンスとテクノロジーの門を叩いたのは、これで確かだろう。さらに今後の活動に期待したい。

●
努力賞論文

未来の科学者へ

時間と労力、創意工夫を重ねた労作

　ペットボトルロケットをより効果的に打ち上げるために空気抵抗を測定する必要性を感じ、風洞装置を開発し風洞実験による空気の流れの可視化に取り組んでいる。すでに製作された風洞では、煙を発生させるために線香を利用していたため、煙のムラや炎が上がり危険であるといった問題点を、スモークマシンを利用することで解決している。さらに吸気ユニットの改良により空気を整流、観測ユニットの改良による観測窓の透明度の向上、排気ユニットの改良による均一な空気の流れの実現や、スリットユニットの改良による可視化された空気の鮮明化など、多大な時間と労力、創意工夫を重ねた労作である。

　その結果、ロケットのノーズ、羽、スカート部分の空気の流れの可視化に成功し、種々の条件の違いに対する空気の流れの変化を観察するという成果が得られた。

　しかし当初の動機であるペットロケットをより効果的に打ち上げるための空気抵抗の低減を実現するにはどうすればよいか、というところまで踏み込まれていない点が惜しまれる。さらに「ペットボトルロケットの打ち上げ」を成功および性能向上させるには空気抵抗の低減だけでなく、機体の安定性や軽量化、推力特性の向上などさまざまな要素技術およびそれを統合するシステム設計技術が必要とされる。要素技術の向上を成果につなげるシステム設計技術の向上にもぜひ取り組んでもらいたい。

（神奈川大学工学部　准教授　髙野　敦）

●
努力賞論文

もう車線をはずさない！
（原題）ニューラルネットワークを利用した
車線維持システムの開発
〜自動運転バスへの応用〜

玉川学園高等部
3年　野田 基
●

研究の目的

　自動運転の車線維持システムの開発に、カメラ画像を入力とするニューラルネットワークを応用したいと思い研究した。カメラを用いたライントレースの先行研究を調べたところ、画像内のラインの終点の位置から車体のステアリングの角度を設定する研究や、画像内のラインに一定間隔に2点取り、その2点間を結ぶ直線を経路として車体を制御する研究があった。しかし、これらの方法では、車線の一部が見えないだけで制御に大きな影響を受けてしまう。そこで、画像全体のデータから行動を決定するニューラルネットワークを用いることで、ライントレースを正確に行えると考えた。
　実験では、このシステムがどの程度外乱に適応できるのかを調べた。また、このシステムが直角のような急なカーブに対応できるように改良した。ネットワークの利用方法と実験モデルは以下のようにした。

実験の方法と開発環境

今回は車線を2線ではなく、1線の黒線をカメラの入力のみでたどること を目的とする。**図1**のような構造のネットワークを構築した。このネット ワークは車体前方に設置されているカメラから 0.1 秒おきに送信される 400 （20×20）ピクセルの画像をグレースケール化したものを入力とし、車体の 一定前進速度に対する回転角速度を三段階に分け出力としたものである。

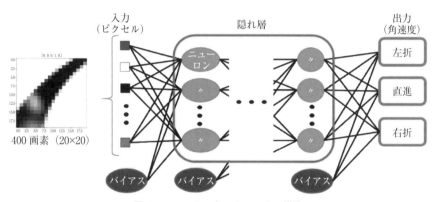

図1　ニューラルネットワークの構造

表1　実験で使用したもの

項目	研究で使用したもの	バージョン	備考
開発言語	Python	2.7	オブジェクト指向のプログラミング言語のひとつ。
ライブラリ	NumPy	1.11.0	高速に線形代数を解くことができるライブラリ。
	OpenCV	3.3.1	画像処理のライブラリ。
	Pickle	−	データを保存することができるライブラリ。
ロボットソフトウェアプラットフォーム	Robot Operating System（ROS）	Kinetic	OS の上に位置するフレームワーク。Python, C++でプログラム可能。

表2　ニューラルネットワークの構造、使用した関数、設定値

項目	使用したもの（設定値）
損失関数	交差エントロピー誤差関数
活性化関数	シグモイド関数（出力層はソフトマックス関数）
学習	ミニバッチ勾配降下法
入力層	400（20＊20）ピクセルのグレースケール画像
出力層	回転角速度を3段階に分け、それらの内どれが適当かを示す確率分布
結合係数初期値（パラメータ）	標準正規分布でランダムに値を取得し1/10したもの
バイアス初期値	0
ミニバッチ	100個
パラメータの更新手法	ミニバッチ勾配降下
隠れ層数	1層
隠れ層のノード数	500個

　実験には**表1**のものを使用した。また、構築したニューラルネットワークで用いた関数と学習方法、ハイパーパラメータは**表2**である。

教師データの採取

　ネットワークを学習させるために**図2**のように教師データの採取を行った。具体的な方法としては人間がライントレースのコースを車体から0.1秒お

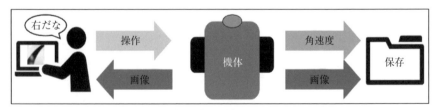

図2　教師データ採取のイメージ

きに送信されるカメラ画像（20×20 ピクセルのグレースケール画像）のみ
を見て車体を操作し、その時の画像と車体の回転角速度を同時に保存した。

【実験1】ネットワークを用いたライントレースの外乱への適応

「**目　的**」：この車線維持システムを実用化するにあたり考えられる車線維
持の障害、外乱などにどの程度適応できるのかを検証する。

「**方法①**」：**図3**のようなカーブに、
LED 照明の光を高さ 29 cm から当
てたコース上を学習率 0.01 で 5000
回学習させたパラメータで 100 秒
間走行させた。今回は LED 照明の
光量を中、強それぞれで設定して
検証を行った。

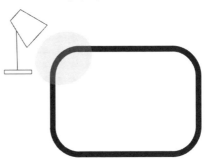

「**結果①**」：外乱光（中）の時は完走
することができたが、外乱光（強）

図3　実験に使ったコース

の時はラインを見失いコースアウトしてしまった。

　図4に通常のライントレースと、外乱光がある時のライントレースの比
較を示す。

　※ピクセル1つが完全に黒の時 255 を取り白の時 0 を取る

「**方法②**」：**図5**のようなコース上の3カ所に遮蔽物となる6種類の紙を置

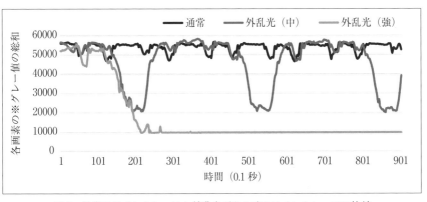

図4　通常のライントレースと外乱光がある時のライントレースの比較

き、ライントレースが可能かを調べる。ライントレースを行うパラメータには学習率 0.01 で 5000 回学習させたものを使用した。また 6 種類の紙には幅 65 mm 縦 40, 50, 60, 70, 80, 90 mm のラインが透けない白色のものを使用した。

「**結果②**」：**表 3** に各箇所におけるライントレースの結果を示す。

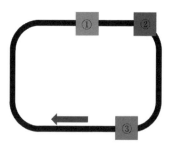

図 5　実験に用いたコース

表 3　各箇所におけるライントレースの結果

場所＼縦	40 mm	50 mm	60 mm	70 mm	80 mm	90 mm
①	○	○	○	△	×	×
②	○	○	×	×	×	×
③	○	○	△	×	×	×

○：コースアウトしなかった
△：侵入角度によってはコースアウトした
×：コースアウトした

「**方法③**」：**図 6** のようにコースのカーブ上に面積が 2.25 cm^2 以下の白色の紙吹雪 150 枚を 30 cm 四方に無作為に散りばめ、学習率 0.01 で 5000 回学習させたパラメータで 100 秒間走行できるのかを検証する。

「**結果③**」：紙吹雪があったとしても完走することができた。また車体のカメラからは**図 7** のように確認された。**図 8** に通常のライントレースと遮蔽物がある場合のライントレースの比較を示す。

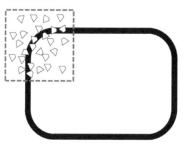

図 6　実験に用いたコース

【実験 1】の考察

1　「方法①」の検証

日なたや日陰など局所的に明るさが変化した場合を想定した実験では、あ

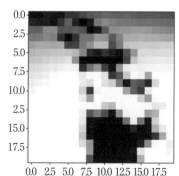

図 7　紙吹雪があるカーブ

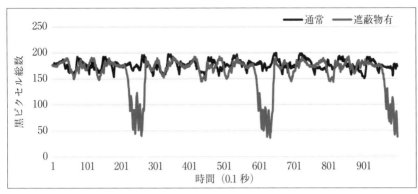

図8　通常のライントレースと遮蔽物がある場合のライントレースの比較

る程度の明るさの変化では想定どおりカメラの自動露出調整機能が働き、ラインを見失うことはなく、きちんと走行できた。通常のライントレースのグレー値の総和の平均値が53752で外乱光（中）が当てられたカーブの値が21000なので、およそ61％の白化率であってもライントレースできたが、外乱光（強）が当てられた白化率74％のカーブの場合では、コースアウトしてしまった。このことからも、白化率が6割程度まではライントレースできるが、7割程度になってしまうとラインを認識できずコースアウトしてしまうことが確認できた。

2 「方法②」の検証

ラインの上に何かが載って隠れてしまった場合などを想定した実験では、カメラを用いたライントレースの先行研究ではまったく対応ができなかったが、今回のシステムではラインが途切れても、カメラに写っているその先のラインをとらえて、コースアウトせずに走り続けることができた。

表3より遮蔽物の長さが50 mmまではコースのどの箇所であっても確実にライントレースすることができた。このことから車体のカメラが認識することができるラインの範囲は横およそ60 mm、縦およそ82 mmなので測定可能な範囲のおよそ61％が遮蔽物で覆われていたとしてもライントレースが可能であると考えられる。

3 方法③の検証

落ち葉などでラインが隠れてしまった場合を想定した実験でも、ライン

を見失わずにライントレースすることができた。**図8**より通常のコースの黒ピクセル総数の平均がおよそ177個で遮蔽物があるコーナーの黒ピクセル総数がおよそ80個なので遮蔽率を計算すると、およそ55％（1－80/177＝55）となっていてもライントレースが可能であると考えられる。

4　結　論

　ニューラルネットワークを利用したライントレースは、光や遮蔽物などの外乱に対して適応力が高いことが確認できた。

【実験2】2つのネットワークを用いたライントレースのコースへの適応

「**目　的**」：これまでの右折、左折だけを出力させていたネットワークでは直角のような急なカーブを学習させたとしても、それらのカーブを曲がる

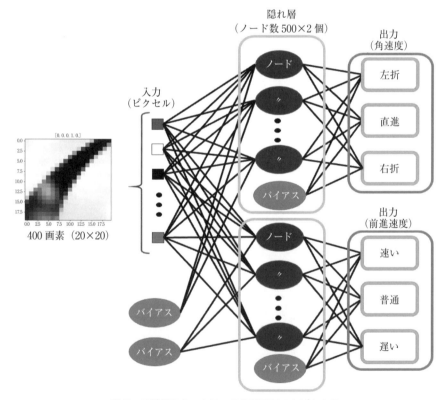

図9　二種類のネットワークを並列につなげたもの

ことができなかった。そこで前進速度を出力するネットワークをこれまで
のネットワークと**図9**のように平行させることで、直角のような急なカー
ブを曲がることができるのかを検証する。

「**方　法**」：直角を含むコースを右回り、左回りでそれぞれ500個になるよ
　うに教師データを採取した。学習率0.01で10000回学習させタパラメー
　タを用いて学習したコースの右回り、左回りそれぞれを100秒間走行させ
　た。

「**結　果**」：左回り、右回りとも完走できた。

【実験2】の考察

　図9のように前進速度を調整するネットワークを併用することで、急な
カーブにも適応できたことから、回転角速度を出力するネットワークと前
進速度を出力するネットワークを組み合わせることで、急なカーブのよう
な複雑なコースにも適応することができると考えられる。

「**結　論**」：ニューラルネットワークを利用したライントレースは、出力が異な
　るネットワークを組み合わせることで複雑なコースにも適応できる。

実験で得られた結論

　【実験1】では、ニューラルネットワークによるライントレースの外乱へ
の適応を外乱光と遮蔽物で調べた。外乱光をコースにあてた場合カメラの
自動露出調整機能が働き黒線の白化をある程度抑えるが、機能の限界を超
えた場合においても6割程度の白化までライントレースできることが確認
できた。また遮蔽物がコース上にある場合でも遮蔽率がおよそ6割までは
ライントレース可能であることが確認できた。

　【実験2】では、回転角速度のみを出力するネットワークだけではコース
アウトしてしまった急なカーブのような複雑なコースに、前進速度を出力
するネットワークを組み合わせることで適応できるかを調べた。出力が異
なるネットワークを組み合わせることで複雑なコースにも適応することが
できた。

　以上のことから、ニューラルネットワークを用いたライントレースは時
系列を無視した入力であっても、入力画像が持つ要素だけで十分ライント
レース可能であることがわかった。

〔**参考文献**〕

【論文】

1)　柳田大我「フィードバック制御の応用〜自動運転バスの開発〜」日本学生科学賞（2016）

2)　山崎隆誠「Raspberry Pi を用いた模型自動車の制御—車線検出とライントレース—」コンピュータ理工学特別研究報告書（2016）　http://www.cc.kyotosu.ac.jp/~kano/pdf/study/student/2015YamazakiPaper.pdf（2018/4）

3)　渡辺光貴、大久保重範「視覚センサを用いたライントレースのための自律移動ロボット」自動制御連合講演会講演論文集（2008）　https://www.jstage.jst.go.jp/article/jacc/51/0/51_0_251/_article/char/ja/（2018/4）

【図書】

4)　斎藤康毅『ゼロから作る Deep Learning』オーム社（2017）

5)　小高知宏『強化学習と深層学習』オーム社（2017）

6)　浅川伸一『Python で体験する深層学習』コロナ社（2016）

7)　小倉 崇『ROS ではじめるロボットプログラミング』工学社（2015）

8)　ピョ ユンソク、倉爪 亮、ジョン リョウン『ROS ロボットプログラミングバイブル』オーム社（2018）

●
努力賞論文

受賞のコメント

受賞者のコメント

この研究を評価していただきとても嬉しく思う
●玉川学園高等部　3年　野田 基

　中学生の時人工知能がブレークスルーを迎え、新た
な可能性が広がったことを知り機械学習の分野に興味を持った。機械学習
を勉強していくとブレークスルーとなったディープラーニングもフィード
バック制御のような入力と出力を持つ1つの大きな関数であることに驚か
され、ディープラーニングの基になったニューラルネットワークを用いた
研究を行いたいと思った。研究ではフィードバック制御では一般的なライ
ントレースを光センサではなくデータ量の多いカメラに変え、より外乱に
強いライントレースの手法を開発した。

　そして、今回この研究を評価していただいたことをとても嬉しく思う。
実験や計測方法などの指導、アドバイスをくださった先生方に感謝の意を
表したい。

指導教諭のコメント

いろいろな技術を駆使して研究を発展させた
●玉川学園高等部　教諭　田原剛二郎

　野田君は、小学生のころからロボットについて研究してきたので、たくさ
んの技術と幅広い知識を持っている。本研究はニューラルネットワークを利
用しているが、まず手書きの数字の認識について、ニューラルネットワーク
のノード数や隠れ層の数を変えるとどのような影響がでるのかなどについて
研究した。また、今回研究に使用したロボットは、ROSを使用するため、高
度な知識を必要とするが、自ら書籍を読み研究を進めた。そして、道路の明
るさの変化や落ち葉などの落下物があっても、車線維持が可能な方法を提案
できた。いろいろな技術を駆使して研究を発展させることができた。

未来の科学者へ

高校生としてはレベルの高い研究論文

　本研究では、自動運転バスの実用化に向けた車線維持システム開発を目的に、ニューラルネットワークを用いて、カメラ画像よりライントレースさせる課題に取り組んだ。具体的には、与えられたカメラ画像に対し、適切に右折、左折、前進を判断させるニューラルネットワークの学習である。評価実験では、滑らかにラインをたどれるようにするためには、どのような教師データが必要かを検討するとともに、コース上に日陰など明るさが異なる状況や遮蔽物などの外乱に対して、どの程度の頑健性があるかなどを評価した。その結果、右折、左折、前進のデータ分布を均一化させた教師データの利用が有効であることを示した。

　本研究遂行には、ニューラルネットワークに関する専門知識、そのプログラミング環境などの習得とともに、実験結果に対する地道な検討や整理などが必要である。また、プレゼンテーションの面でも高校生としてはレベルの高い研究論文である。

　ただし、テーマの適切性や展開方法に関しては、本研究の問題設定に関してなど、さらなる新規性や独創性などを加える余地も見受けられる。研究者独自の工夫なども多分に加わればさらに興味深い研究への発展が大いに期待できる。また、実験結果などとして得られた結果や、それらから導かれる考察や結論についても、特定のモデル、データ、実験設定における限定的なものだけでなく、より普遍的な考察や結論などを得ることに留意しつつ、研究を展開することも重要なポイントと言える。今後のさらなる研究発展を期待したい。

（神奈川大学理学部　教授　斉藤　和巳）

●
努力賞論文

波力発電の可能性を探る
（原題）波力発電の効率化を目指す研究

玉川学園高等部　SSHリサーチ物理班
３年　坂下 万優架
●

研究を始めたきっかけ

　私は、2011 年 3 月 11 日の東日本大震災の津波による、東京電力福島第一原発の事故をきっかけに、原子力発電のリスクと再生可能エネルギーの存在を知った。それと同時に、再生可能エネルギーだけで日本のエネルギーを安定して供給することは難しいと学んだ。

　同時に、再生可能エネルギーの発電効率の向上について研究したいと考えるようになった。再生可能エネルギーには、太陽光発電、風力発電、地熱発電などいくつかの種類があるが、その中で私は再生可能エネルギーとしては比較的新しく、実験室での実験が可能であるという理由から、波力発電にフォーカスして研究を始めた。

波力発電の有用性

1　波力発電におけるメリット
①エネルギー源である波は枯渇の心配がない。

②波力はエネルギーの密度が太陽光などに比べて高く、効率が高いことがあげられる。波力のおおもとは太陽光であるといえるが、$1\,m^2$ の地表に入射する太陽光エネルギーが $1\,kW$ なのに対し、$1\,m$ 幅の波の持つエネルギーは、沿岸部と沖で差はあるが、$7\,kW$〜$20\,kW$ ほどだといわれている[1]。単位が異なるため正確に比較はできないが、その後、電気エネルギーにする際のエネルギーの変換効率も太陽光発電が 10〜20% なのに対し、波力発電は 30% と高くなっている。

③波力発電は風力発電や太陽光発電のように天候や時間帯に作用されにくいため、比較的安定して発電することが可能である。これらのメリットは、他の再生可能エネルギーにおいて課題とされていることにあてはまり、波力発電はほかの再生可能エネルギーに足りない部分を持っているといえる。

2　波力発電の懸念材料

①懸念点の1つ目にコスト面が挙げられる。波力発電の装置は海上への設置となるため、陸上に設置する装置よりも時間や費用がかかり、送電するにも大幅なコストがかかる。また、海水による腐食、貝やフジツボの付着などのための定期的なメンテナンスや点検など、維持コストもかかるため、淡水の水力発電所と比較しても波力発電の維持コストは高くなる。

②台風や津波災害の際、安全面での問題が払拭されていないため、実用化にはいたっていない[2]。

波力発電の基本知識

　まず、波力発電とは波の運動エネルギーを利用した発電方法であり、振動水柱型、可動物体型、超波型、ジャイロ式などいくつかの種類がある。

　今回私が参考にした発電方法は、振動水柱型の発電装置の原理である[3]。振動水柱型波力発電は、発電装置の中にある空気室と呼ばれる場所に海水が流れ込み、海面の上下運動によって空気が押し出され、出てきた空気が

風となり、タービンを回すことによって発電される仕組みの波力発電である。本研究では、振動水柱型波力発電の原理を参考にし、発電効率の上昇、装置の小型化、簡略化、維持コストダウンなどを目的とした研究を進めていくことにした。

実験装置の製作

1　振動水柱型波力発電

　はじめに振動水柱型波力発電が、実験室レベルの発電装置で再現が可能であるかを検証することを目的として実験を行った。この装置はいずれも発電に失敗した、振動水柱型波力発電の原理をモデルにして製作した実験装置である。いずれの装置も、水槽内で波を立てる方法で実験を行っていたが、空気柱の圧力が弱く、タービンを回転させるほどの風圧が得られなかった。

図1　製作したさまざまな実験装置

2　実験装置の空気室部分を改善

　これらの結果より、視点を少し変え、実験装置の空気室部分を直接水面に押し出す方法で実験を進めた。今回の研究では、このような実験手法の変更を行っても水面を動かすか実験装置を動かすかの違いであり、相対的に行っていることは変わらないと考え、実質波力を使えているとみなして研究を進めた。

　まず、2Lペットボトル1つを用いて実験を行った（**図1**左）。2Lペットボトルの底を切り取り、ペットボトルのキャップに直径4mmの穴をあ

け空気孔にし、空気孔の上にタービンを近づけ、水面にペットボトル自体を押し込む手順で実験を行った。その結果、タービンが回ったことが確認された。

この結果をもとに、空気室部分をより体積の大きい直径4mmの穴が開いている灰色の容器に替え実験を行った（図1右）。しかし、タービンは回らず、発電に失敗した。この2つの実験結果より、ペットボトルの先端の形状により空気が1点に集中し、出てくる空気の勢いが増すことでタービンが回っていたと考えられた。そこで、流体シミュレーションソフト「flow square」を用いて考察を行った（**図2**）。

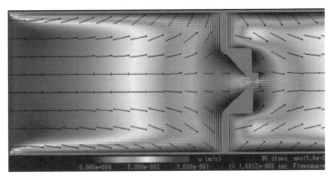

図2　流体のシミュレーション

これらの図の空気孔部分の風の勢いの強さを比較すると、灰色の容器を用いた時に比べてペットボトル型の空気孔部分の方の色が濃くなっており、すなわち空気の勢いが大きくなっていることがわかる（**図3**）。

図3　空気柱の形状の違いによる流体のシミュレーション

　この考察をもとに灰色の容器にペットボトルの先端部分を取り付け、双方のメリットを活かした装置を製作した（**図4**）。

図4　ペットボトル型と箱型を組み合わせた時の実験と流体シミュレーション

3　最大で約7mAの発電に成功

　その結果、タービンは回り、最大で約7mAの発電に成功した。全体の発電時間は7秒間でその内2秒間、7mA発電できていた。

　以上の実験の結果で、当初目的としていた「振動水柱型波力発電が、実験室レベルの発電装置で再現が可能であるかの検証」が達成されたと考えた。そこで、今後この装置を用いて研究を進めていくにあたり、発電過程の状況の分析を行うことで、発電効率の改善、装置の小型化やコストダウンを目指すための方向性を定めるために、以下のような実験を行った。

発電過程の調査

　今回の実験では、**図5、6**のように装置を押し込む力を定量的に扱うため、装置におもりを乗せ、おもりと装置の自重で水面に沈んでいくよう装置を改良した。さらに、おもりは1kgのものを使用し、2kg、4kg、6kg、8kg、10kgのおもりを乗せた時の発電過程における電流、圧力、加速度をそれぞれ計測した。

図5　改良した実験装置

図6　実験の様子

　実験後、実験で得た値の関係性をそれぞれ模索し、考察を行った。その結果、それぞれの重さのおもりの最大電流と、その時の空気室内の圧力が比例関係にあることがわかった。その結果は図7の通りである。

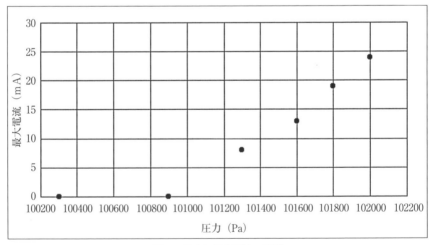

図7　圧力と最大電流の関係

比例結果と今後の課題

この比例関係がどのような理論で成り立っているのかを、物理法則から考察して導いた。

F＝タービンにかかる力、M＝タービンの質量、R＝タービンの半径、θ＝タービンの回った角度、I＝慣性モーメント、N＝力のモーメント、$d^2\theta/dt^2$＝角加速度、ω＝角速度、i＝最大電流、A＝底面積

1　回転の運動方程式

$$I\frac{d^2\theta}{dt^2}=N \quad において \quad \frac{d^2\theta}{dt^2}=\frac{d\omega}{dt} \quad より、 I\frac{d\omega}{dt}=N \qquad ①$$

タービンを円盤と考えると円盤の慣性モーメントは $I=\dfrac{MR^2}{2}$ より、①を代入して

$$\frac{MR^2}{2}\frac{d\omega}{dt}=FR$$

すなわち、

$$\frac{d\omega}{dt}=\frac{MR}{2}F$$

この両辺を t で積分すると、

$$\int\frac{d\omega}{dt}dt=\int\frac{2}{MR}Fdt$$

$$\omega=\frac{2}{MR}Ft+c$$

（c は積分定数）

ここで、初期条件として $t=0$、$\omega=0$ とすれば、$c=0$ となる。よって、$\omega\propto F$ である。また、オームの法則 $i=\frac{V}{R}$ および、V_0 は交流となるため $V_0\propto\omega$ より、$i=\frac{V_0}{R}$ において $i\propto\frac{\omega}{R}$ である。

ここで、R は定数であるから $i\propto\omega$ となり、$i\propto\omega$、$\omega\propto F$ より、$i\propto F$ とな

る。一方で空気孔の圧力はパスカルの原理から、$P = \frac{F}{A}$ より、$i \propto P$ である。

　以上の理論が成り立つと考えられる。すなわち、回転の運動方程式と円盤の慣性モーメントから角速度とタービンにかかる力が比例関係にあるとわかり、次にオームの法則と電磁誘導による発電の原理から最大電流と角速度も比例関係になっていることがわかる。この2つの比例関係から、最大電流とタービンにかかる力が比例関係にあるとわかる。最後に、これをパスカルの原理を用いて計算していくと、最大電流と圧力の比例関係が求められ、グラフの結果と一致していることが明らかになった。

今後の展望

　今後も実験、分析を通して効率化を達成できるか調べていく。電流と圧量の関係だけではなく、計測したほかの値の関係性も調べていきたいと考えている。

〔謝　辞〕

　本研究にあたり、直接の御指導をいただいた自由研究 SSH リサーチ物理班担当の矢崎貴紀先生に深謝致します。そして多くのご指摘をくださった先輩、同級生の皆様に感謝いたします。

〔参考文献〕

1)　新エネルギー・産業技術総合開発機構［編］「NEDO 再生可能エネルギー技術白書 第2版—再生可能エネルギー普及拡大にむけて克服すべき課題と処方箋—」森北出版（2014）
2)　ATOMICA「エネルギーと地球環境、波力発電（01-05-01-08）」 https://atomica.jaea.go.jp/data/detail/dat_detail_01-05-01-08.html
3)　Jahangir Khan and Gouri S. Bhuyan「 OCEAN ENERGY: GLOBAL TECHNOLOGY DEVELOPMENT STATUS, IEA-OES Document No.: T0104.2」

●
努力賞論文

受賞のコメント

受賞者のコメント

波力発電の可能性を追求できた

●玉川学園高等部　SSH リサーチ物理班

　3年　坂下万優架

　高校生としての研究の最後にこのような賞をいただくことができ、大変光栄に思う。本研究は、東日本大震災の原発事故以来、注目されていた再生可能エネルギー、その中でも未来がある発電方法だと感じた波力発電に興味を持ったことで始まった。何をどのように改善すれば効果的か、何を調査すれば研究の手がかりとなる結果が得られるのか、発想力を使って研究を前へ進めてくことに苦労したが、先生や同級生に意見を聞きながら進めていき、さまざまな観点から物事を考えることの重要さを学ぶことができた。

　今後は、研究を引き継いでくれる後輩に後を託し、効率化に向けた考察をさらに深めてくれることを期待したいと思う。

指導教諭のコメント

数々の失敗を経験しながらも粘り強く研究していた

●玉川学園高等部　教諭　矢崎貴紀

　高校2年生から3年生までの総合的探究の時間において取り組んだ成果である。再生可能エネルギーに強い関心がなければ、1年半の授業でこれほどの研究成果を上げることはできなかったのではないだろうか。特に「波力」に着目した点は新奇性があり面白いと感じた。

　研究に取り組み始めた当初は装置の試作を繰り返し、数々の失敗を経験しながらも粘り強い姿勢で半年間かけて5台もの実験装置を手作りで仕上げた。装置が完成しデータを取り始めてからは学内外の発表会に参加し、得たものをフィードバックすることで、より研究を深めていった。装置作製からシミュレーション、モデル化まで行うことができたのは強い興味と、たゆまぬ努力があったからだと思う。

●
努力賞論文

未来の科学者へ

「波力発電の効率化を目指す研究」に対する講評

1.　総合評価

特に、以下の2点を評価しました。

(1)　装置の改良を繰り返し、発電できるレベルにまで到達した。

(2)　実験結果に対する原理的解析を試み、結果を説明できる理論式を得た。

2.　研究の進め方

2.1　研究目的への邁進力

実験中心の研究の中で、種々の不具合に遭遇しました。その都度、不具合の原因を考察し、実験装置を改良し、これを取り除きました。そして、最後には、「発電の実証」という目的を達成しました。このような姿勢は、素晴らしいと思います。

2.2　実験結果の解析

実験は、事実の検証・確認に大変重要です。同時に、実験結果を理論的に解明することも重要です。理論解析が難問題解決の突破力になること、これのない実験は行きづまることが、しばしばあります。今回の研究で、実験結果に対する原理的解析を試み、結果を説明できる理論式を得たことは、とても良かったです。

3.　論　文

1)　論文構成は、よくできています。

2)　第1章、第2章は、内容も表現も非常によくできています。いろいろと文献を参考されたと思います。参考にした資料は、例外なく参考文献欄に列挙し、本文中で引用するようにしましょう。

3)　実験装置は、文章と写真による説明が中心でした。簡明な説明には、概念的なイラストを利用するのも効果的です。

4)　最終原稿は、しっかり校正しましょう。

（神奈川大学工学部　教授　新中　新二）

●
努力賞論文

伝統工法で河川堤防の
決壊を減らす
（原題）河川の研究　第二編
〜実験装置の作成と水制工設置による局所的な流体のエネルギー変化〜

玉川学園高等部　SSH リサーチ物理班
３年　二宮 瞳子
●

研究目標

　本研究は昨年度からの継続研究となっている。河川工学における流体の振る舞いや水制（すいせい）工に関する先行研究を中心に調べた。これまでに水制工の設置位置の検討や設計法の研究などがされてきた[1]。しかし水害が緊急性を要するものであることから水制工１つに注目し、さらにその周囲を局所的に解析した研究例はないため、本研究ではここに注目した。水制工周りの水の流れを解明することで水制を新たに設置する際、挙動を予測することが可能になる。大目標として「伝統工法で河川堤防の決壊を減らす」という目標を設定する。

1 台目の実験水路

　実験の再現性、結果の安定性を狙いポンプを使った循環構造を作ること

にした（**図1**）。今回作成した実験水路は主に木材を材料としている。アクリル板を設置することで横から直接水の流れを観察することが可能だ。

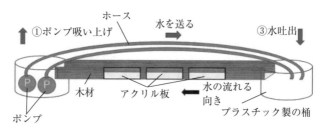

図1　水路の構想図。木材とアクリル板を釘とシリコン系の接着剤で接合して作製。
（この図では2つのポンプを使っているが、実験によっては1つの時もある）

　予備実験として河川工学の中で汎用される粗度係数の測定を行った[2]。これは実験水路の底の粗さを数値化したもので、実験的に導出されている理論値と同じ範囲の値が測定されれば実河川と同等に扱えるとした指標である。導出自体は水と底面で発生する摩擦を適用させたもので底板の材料によって異なる値が算出される。

$$u_* = \frac{1}{n} R^{\frac{2}{3}} I^{\frac{1}{2}}$$

　　u：水の平均速度　　n：粗度係数　　R：径梁　　I：傾斜

　実験水路ではそれぞれ u, R, I の値が水路に水を流して実際に計測可能であるためそこから係数を導出する。また、今回は底板に木材を使用しているため 0.010～0.014 という値が導出されることが望ましい。

1　実験手順

①ポンプを使って水を循環させる。

②水の流れが安定してきたらBB弾を落とす。

③50 cm～100 cm・100 cm～150 cm・<u>150 cm～200 cm</u> の区間でBB弾が通過する時間をストップウォッチで15回計測する。

④計測結果から区間ごとの速度を導出し水路の平均速度を算出する。速度・径梁・傾斜をマニング式に代入し粗度係数を導出する。

　この水路では平均をとった 0.008 という係数が測定された。この時点で 1 台目の実験水路は予想していた値よりも大きく離れていることが判明したため、水路内でのモデル実験は仮測定とした。

2　水制実験で判明したこと

　水制の実験では 2 つのことがわかった。まず水制の設置条件によって流速は変化する。図 2 のように、同じ側面に並べるより交互に並べた方が距離が長くなるので時間も長くなる。自然河川の中で流速を弱めることが目的であれば交互に設置するのが効果的と言える。また障害物を連続に並べると幅を狭くさせ流速を増加させてしまう可能性がある。

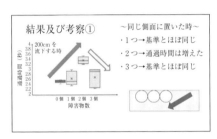
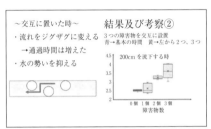

図 2　障害物を同じ側面に設置した際と交互に設置した際の実験結果

3　実験装置の改良

　水制周りの流れを正確に捉えるために多くの改良を重ね独自の実験装置を製作した。実験の再現性、結果の安定性を狙いポンプを使った循環構造となっている。木材を材料とし、耐水性がある木工用接着剤と釘を 2 種類併用し、硬化後は柔軟性を持つゴム状になり、耐水性を維持するシリコン材を接着剤として使用することで長時間水流に耐えられるように工夫をした。

　アクリル板を設置することで横から直接水の流れを観察することも可能だ。なお、2 台目の実験水路も 1 台目と同様にして粗度係数の導出実験を行ったところ 0.013 という理論値通りの値が算出された。

2 台目の実験装置を使った水制工に関するモデル実験

1　流体の動きを追跡

　実験中の水の流れはすべて頭上から動画撮影をする。実験後、解析作業をする際に動画専用解析ソフト（Kinovea）を用いて流体の動きを追跡する。

　本研究における目標は「水制周りの水の挙動を解明する」ことである。そのため、物体の力学的エネルギー保存の法則を流体に応用させる。さらに始点と終点に限らずより局所的にエネルギー計算を行うことでその変化から水制周りの現象を評価していく。流体の力学的エネルギー保存則を高さに変換したものが以下の式である[3]。

$$\frac{v2}{2g}+h＝一定$$

　エネルギーの変化を2段階に分けてグラフ化していく。まず水制に入る前と入った後の始点と終点のエネルギーを導出する。ここまでで後ほど詳しく述べるが保存則が2地点間で成立しないことがわかった。従来の河川工学における研究最終地点は第1段階目までである。本研究ではその2地点間でどのような変化が起きているのか解明するというものだ。そのため第2段階目には水路内の流速測定区間を五等分し（**図3**）、より局所的なエネルギーの計算をした。これによりエネルギー損失がどのようにして引き起こされたのか調べていく。

　図4の3つのグラフの線は第1段階目の解析、第2段階目の解析結果である。また、さまざまな河川を想定しているため各設定条件が異なっている。

　導出されるエネルギーは保存されるのでどの地点においても等しい値であることが予想される。しかし、始点から終点にかけてエネルギーが減少していることがわかる。また、エネルギーの分布は振動現象となっている。物理法則から考えてエネルギーの減少が発生したとしても増加することは

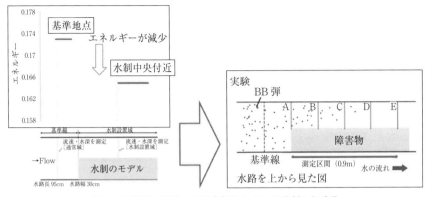

図3　2段階の解析　※測定部をさらに五分割し細分化

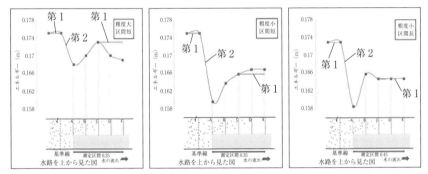

図4　左：粗度係数（大）、障害物（短）　中央：粗度係数（小）、障害物（短）　右：粗度係数（小）、障害物（長）

考えられない。この現象について以下のことが原因として考えられる。

2　エネルギー現象の考察

　今回行った実験では水の流速を測定するために BB 弾を用いた。その BB 弾は水表面を浮遊していたため、グラフは水表面のエネルギー変化だけを表していることになる。

　今回の実験では、物理法則を用いた解析以外にも目視による観察実験を行っている。その際、水制区間に入る手前付近では流体が複雑な動きを見せていた。図5は改良を加える前の1台目の水路で行った水制設置に関する仮実験である。白線は流体の挙動を示している。図より水制手前付近で

は複雑な流れが見られる。特に渦を描くようにして水が移動していた。このことから直線的に流れている流体を妨げるように設置してある障害物は付近の流れを変化させることがわかった。

図5　水制設置に関する仮実験　※水は左に向かって流れている

3　モデル化

　以上の実験結果と考察を基に、水制周りの局所的な流体の振る舞いについてモデル化をする。まず流速に着目する。エネルギーの大きさは流速に比例する。流速が大きければその分エネルギー保有量も大きくなり、水位を上昇させる。反対に流速が小さければエネルギーは減少している。

　実験の結果より、どの条件でも流速の上昇と減少が交互に繰り返されていることがわかる。また、測定が水面のみで行われていたことから水面で流速が小さい時、理論的に水の底では流速が大きくなっていることがわかる。同様にして水面で流速が大きい時、水底での流速は小さくなっている。

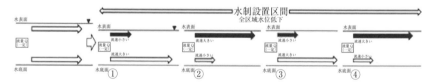

図6　水制設置付近における流体の挙動　※水路を横から見た時の図

　実験と考察を踏まえて水制設置による影響を実河川に置き換えて考える。図6の①〜④は水制設置区間を4つに分けている。実験の解析より水面では流速が変動していることがわかった。水面で流速が大きい時水面の上昇を引き起こすため、堤防を高く設計することが求められる。また表面での流速が小さい時は水底で流速が大きいということが考えられるので、水制

設置地盤を上部にする必要がある。さらに水制工設置付近では流れを妨げる複雑な流れが発生する。洪水時、大量の土砂がその場に取り残され河床の上昇、洪水流が居住域に流入することを招きかねない。

まとめ

　第1に1台目の実験水路で粗度係数を求め、河川工学のなかでも広く用いられるパラメーターの測定をすることで実河川との比較を可能にした。まず水制の設置条件によって流速は変化する。同じ側面に並べるより交互に並べた方が距離を長くできるので、水の通過時間が長くなる。自然河川の中で流速を弱めることが目的であれば、交互に設置するのが効果的と言える。また障害物を連続に並べると幅を狭くさせ流速を増加させてしまう可能性がある。

　2台目の水路では、専門家の方々に助言をいただきながら材料と構造に改良を加えた。予備実験として行った粗度係数の測定では0.013と木材として理論通りの数値が導出された。実験では水制を簡易モデル化し、直方体の障害物とした。

　実験の結果から水制設置に伴う影響に関して2点のことがわかった。1つ目は水表面のみ計測していたことから水路内を断面的に見た時、表面と底部で異なる流速を発生させるということだ。2つ目に流体特有の非定常な流れが発生するということだ。

　これらの結果を踏まえ実河川に置き換えて考えると底部で流速が大きい時、地盤を削り、底部で流速が小さい時は水の停滞を引き起こすことが考えられる。また直線的に流下する水に対して流れを妨げるようにして水制は設置されるため、付近に複雑な流れを引き起こす。それが土砂をためることになり水位の上昇、居住域への越水が考えられる。大目標にしていた「伝統工法で河川堤防の決壊を減らす」ということに関して以上のような懸念点を考慮した上で設計・設置することができればより減災につながるのではないかと考えられる。

〔謝　辞〕

　直接のご指導をいただいた高等部の矢崎貴紀先生に感謝するとともに、これまで支えてくださった高等部先生方、友達、両親、各研究機関の皆様、すべての方々に感謝の意を示します。

〔参考文献〕

1)　山本晃一『護岸、水制の計画・設計――一歩先、そして一歩手前―』山海堂出版（2003）
2)　玉井信行『土木工学基礎シリーズ 5-1 水理学 1』培風館（1989）
3)　國澤正和、西田秀行、福山和夫『絵とき水理学改訂 4 版』オーム社（2018）

●
努力賞論文

受賞のコメント

受賞者のコメント

災害に真摯に向き合う大人になりたい

●玉川学園高等部　SSH リサーチ物理班

　3年　二宮瞳子

　小学生の時に体験した水害がきっかけで研究がスタートした。当時感じた川に対する好奇心は高校3年生になった今も続いている。研究を始めた当初は実験装置を作るために慣れない工具や機械に戸惑うこともあったが、同時に自分で最初から設計したものが出来上がる嬉しさを感じる。昨年は各地でさまざまな自然災害が発生した。災害との向き合い方から地域コミュニティとの関わり方など、未来を多角的に見据えることができる大人になりたい。

　そして昨年に引き続き、このような賞をいただくことができて大変光栄に思う。直接のご指導をして下さった高等部物理教諭矢崎貴紀先生に感謝するとともに、これまで支えて下さった高等部先生方、両親、各研究機関の皆様、すべての方々に感謝の意を示したい。

指導教諭のコメント

熱心に学会などに参加していたことが受賞につながった

●玉川学園高等部物理　教諭　矢崎貴紀

　研究は高校1年から3年までの総合的探究の時間において取り組んだ活動をまとめたものである。二宮さんが中学生のころから行っていた河川堤防決壊に関する調査を発展させ、堤防の決壊のメカニズムを調べるために、実験水路を作成するところから研究を始めた。大掛かりな実験水路を作成するにあたり、私が大学院生時代に培った装置作製のノウハウを生かして設計・材料加工の指導を行い、河川のモデル化に関しては、河川工学の専門家や大学教授の方々に助言をいただいた。粘り強く実験に取り組み、積極的に学会や発表会に参加する姿勢があったからこそ、ここまで研究を深められたと思う。昨年に引き続き本研究を評価していただいた皆様に感謝したい。

努力賞論文

未来の科学者へ

着眼点の鋭さに驚かされた！

　近年、地球温暖化などの影響に伴う気候変動により、河川の氾濫などの水害が多発している。特にここ数年は、平成 29 年 7 月九州北部豪雨、平成 30 年 7 月豪雨（西日本豪雨）や今年（令和元年）の台風 15 号、台風 19 号の災害など、毎年のように水害が発生し、これらの災害は今後増加することが懸念されている。そのため、大学の研究者や実務者などが今現在も防災・減災のためにさまざまな研究を進めている。本論文も研究のきっかけは、平成 27 年関東・東北豪雨の鬼怒川決壊事故であったとのことで、まさに今世の中で必要とされている重要なテーマの研究であり、そこに着眼したのは見事な視点だと思う。本研究は継続研究のようだが、今回の主テーマは「局所的な流体のエネルギー変化」とある。局所的な流体の変化である「乱流」や「洗堀」などの問題は、研究者が集まる学会などでも議論されるテーマの一つであり、論文を最初に読んだときに着眼点の鋭さに驚かされた。また、継続して研究を続ける中で、試行錯誤し模型を改良する忍耐力や、動画解析など新たな手法を取り入れる柔軟性など、前向きな思考で研究を進める姿勢が素晴らしいと感じた。1 点、あえて改善点を上げると、論文内の一部の図や写真（特に印刷した紙面では）が小さく、判読が困難なものがあった。今後は図の見やすさなどにも配慮してみてほしい。今後はこのテーマの研究は後輩が引き継いで行われるとのことなので、さらなる成果を楽しみにしている。最後に、現在高校 3 年生である研究者自身は、周囲の環境が大きく変化する時期だと思う。置かれている立場が変わっても、今回のような世の中の役に立つ研究に興味を持ち続けてくれると嬉しい。

（神奈川大学工学部　特別助手　落合 努）

努力賞論文

鉄分を多く含む食材と
効率的な調理法
（原題）調理による食品中鉄含有量の変化

玉川学園高等部
３年　山本 萌絵

研究の動機・目的

　私は玉川学園に通い始めた中学１年の時から陸上部に所属している。私が中距離走を始めてから１年半たった時、練習中に貧血と思われる症状になった。貧血の主な原因は鉄不足であるため、鉄分をより効率的に摂取する方法を知りたいと思った。そこで私は、鉄分を多く含む食材について、その鉄分を損なうことのない調理法を科学的に検証することにした。

鉄分の測定方法

　食材中の鉄分の定量法として 1, 10-フェナントロリン法を用いた[1]。フェナントロリンとはフェナントロレンの炭素のうち２つを窒素で置き換えたものである。そのフェナントロリンと鉄は、安定した錯体を形成し赤橙色を示す。この発色した溶液の吸光度を分光光度計で測定し、検量線により求めた式に代入して、鉄濃度を求めた。

1　準　備

準備した材料は次のとおりである。

・鉄分入りの試料液
・塩化ヒドロキシルアンモニウム溶液
・1, 10-フェナントロリン溶液
・6 mol/L 塩酸
・酢酸緩衝液
・メスフラスコ、ビーカー、薬さじ、マイクロピペット
・分光光度計（島津製作所　UVmini-1240）
・蒸留水

2　測定方法[1]

①試料液 0.5 mL（または空試料水 0.5 mL）をビーカーにとり、そこに蒸留水 25 mL、6 mol/L 塩酸 1 mL を加え、これを試験溶液（または空試験溶液）とした。

②試験溶液に塩化ヒドロキシルアンモニウム溶液 0.5 mL を加え、次に 1, 10-フェナントロリン溶液 2.5 mL を加えて混和した。さらに酢酸緩衝液 10 mL を加えて水で全量を 50 mL とした。その試料水を 30 分間静置した。

③分光光度計を用いて空試験溶液を対照として 510 nm での測定溶液の吸光度を測定した。

④検量線（硫酸アンモニウム鉄を標準溶液として使用）により求めた式に吸光度を代入して鉄濃度を求めた。

3　事前実験

鉄分を効率良く体内に摂取するには鉄分が多く含まれる食材を食べればよい。そこで、鉄分が多く含まれる野菜として知られる「小松菜」を調査対象として使用した。小松菜は通常、火を通してから食べるため、小松菜に含まれる鉄分がなるべく減少しない調理方法を検討した。

【事前実験①】小松菜中に含まれる鉄分量の測定

文献を調べると、固体に含まれる鉄分量の測定をする際は、固体を灰化してから測定すると書いてあった。そこで、この方法で小松菜に含まれる鉄分量を測定できるかどうかを検証した。

「**方法**」[1]

①小松菜30 gを蒸発皿に取り、550℃に設定した電気炉で30分間灰化した。

②その灰分に6 mol/L塩酸溶液を10 mL加えて蒸発乾固させた。

③6 mol/L塩酸溶液5 mLと水を5 mL加えて2～3分加温した後ろ過し、ろ液を100 mLに定容したものを試料溶液とし、1,10-フェナントロリン法で鉄濃度の測定をし、小松菜30 g中に含まれる鉄分量を計算した。

「**結果**」

　この測定では鉄分量が大幅に少なくなってしまった。その原因は、電気炉で小松菜を灰にする操作時に、電気炉内で起こる空気の対流で灰が舞ったため、鉄分量を正確に測定できなかったと考えた。

【事前実験②】小松菜を茹でると鉄分量に変化はあるのか

　小松菜本体に含まれる鉄分量の測定は困難であったため、小松菜の茹で汁に着目した。小松菜を茹でる時に茹で汁に鉄分が出ているのではないか、その場合、茹でることによって小松菜本体の鉄分量が減少しているのではないかと考え、小松菜の茹で汁を調べることにした。

　その結果、小松菜を茹でると鉄分が茹で汁に出るとわかり、小松菜本体の鉄分量は減少していると考えられた。そこで、どうしたら茹で汁に出る鉄分を減らせるかについて6つの仮説を立て、検証した。

「**仮説**」

①茹でる温度を低くする

②茹でる時間を短くする

③水を沸騰させた後に小松菜を入れ、小松菜が水中にいる時間を短くする

④小松菜を大きく切り、水に接する切り口や断面積を減らす

⑤水の量を減らす

⑥水に何かを溶かしておく

4　仮説の検証前に

　今後の実験の再現性を高めるため、以下の2点について確認した。

①**部位による鉄分量の差**：小松菜の部位（茎・葉）によって茹で汁に出る鉄分量が異なったため、以降の実験では小松菜1束を使用した。

②**小松菜の個体差**：複数の小松菜を用意し、それぞれに含まれる鉄分量を

測定した。その結果、平均値が 3.98 mg/L、個体差は最大で 1.32 mg/L であった。よって、以降の実験では、鉄分量の差が 1.32 mg/L より大きい場合を有意な差であると判断することにした。

実験結果

1　茹でる温度

　図1（上）のように低温のほうが茹で汁に出る鉄分量が少ないとわかった。しかし、常温や 40 ℃で 5 分放置しても小松菜が固いままであり、60 ℃以上に加熱する必要があると考えられる。また、小松菜を洗う時などに、冷水に小松菜を浸しても問題ないと考えられる。

2　茹でる時間

　加熱によって水が蒸発するため、加熱後に残る茹で汁の体積が加熱時間によって異なる。そのため、加熱後に残る茹で汁の体積を測定し、鉄イオン濃度にかけて、茹で汁に溶け出した鉄の総量を算出した。その結果、図1（下）のように加熱時間が長いほど、茹で汁に出てしまう鉄分量が増えているとわかった。このことから、小松菜はなるべく短時間で茹でる方が良いとわかった。

3　小松菜をお湯に入れるタイミング

　沸騰前と沸騰後に小松菜を入れた場合の茹で汁に出る鉄分量を比較した結果、有意な差はなかった。

4　小松菜の切り方

　小松菜を他の実験と同じ長さ（3〜5 cm）に切った場合と、細かく（5 mm〜1 cm）切った場合で茹で汁に出る鉄分量を比較したところ、有意な差はなかった。

5　茹でる水の量

　小松菜の量は統一し、水の量を変化させて茹でたため、茹で汁中の鉄濃度を比較するのは適切でないと考えた。そのため、加熱後に残る茹で汁の体積を測定し、求められた鉄イオン濃度に加熱後の茹で汁の体積をかけて、茹で汁に溶け出した鉄の総量を求めた。

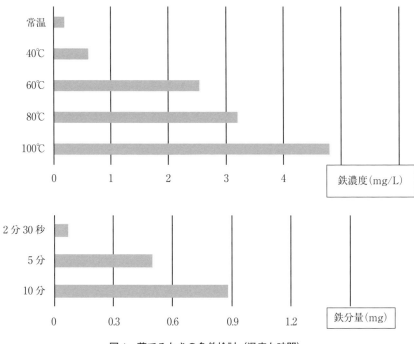

図1　茹でるときの条件検討（温度と時間）

　その結果、水の量を変えても茹で汁に出る鉄分量に有意な差はなかった。

6　茹でる水に何かを溶かす

　これまでの実験は蒸留水を使用したが、3種類のミネラルウォーターを使用して小松菜を茹でて比較した。

　その結果、硬度の高い水の方が、茹で汁に出る鉄分量が増える傾向にあった。水の硬度により、小松菜から出る鉄分量が変化したのは、ミネラルウォーターに含まれる金属イオンが関係すると考え、検証実験を行った。

検証実験

1　水中の金属イオンは、小松菜から鉄分を出やすくするか

　ミネラルウォーターにはナトリウム、カルシウム、マグネシウムが含ま

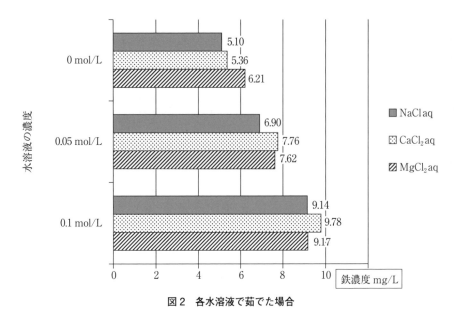

図2　各水溶液で茹でた場合

れていた。これらの成分が茹で汁に出る鉄分を出やすくするかを調べるため、塩化ナトリウム、塩化カルシウム、塩化マグネシウムの水溶液（0.05 mol/L と 1.0 mol/L）を作り、その水溶液で小松菜を茹でて検証した。

　その結果、図2のようにどの水溶液で小松菜を茹でた場合も、蒸留水より茹で汁に出る鉄分量が増加した。また、水溶液の濃度が濃くなるほど茹で汁に出る鉄分量は上昇した。このことから、水の硬度によって小松菜から出る鉄分量が変化する原因は、イオンが関係すると考えられる。さらに、金属イオンの種類や水溶液の濃度による違いを比較した結果、種類による違いはほとんどなく、濃度により変化するとわかった。

2　水中の金属イオンは、なぜ小松菜から出る鉄分を増加させるのか

　イオンを多く含む水で小松菜を茹でると、鉄分が出やすくなる理由は、水中にある金属イオンが小松菜の中に浸透し、代わりに小松菜中の鉄イオンが水に出るためと考えた。これを確かめるため、塩化カルシウム水溶液と半透膜を使用して検証した。

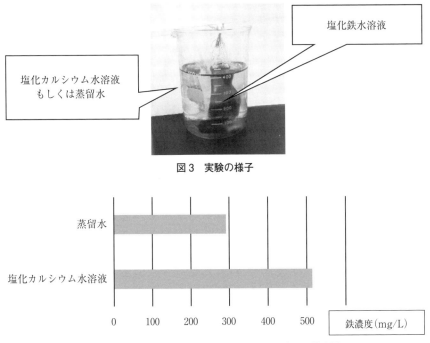

図3　実験の様子

図4　塩化カルシウム水溶液と蒸留水に浸透した鉄分量

【検証①】塩化カルシウム水溶液と蒸留水の鉄分量の測定

①ビーカーに塩化カルシウム水溶液もしくは蒸留水を 200 mL 入れた。

②半透膜の中に塩化鉄水溶液を入れ、①の各ビーカーに入れ、1 日静置した（図3）。

③1 日後、塩化カルシウム水溶液もしくは蒸留水に含まれる鉄分量を測定し、それぞれの溶液で半透膜の外に浸透する鉄イオンの量を比較した。

　その結果、図4のように半透膜中の鉄イオンがそれぞれの水溶液に浸透し、蒸留水よりも塩化カルシウム水溶液に鉄が多く浸透した。この原因を以下のように考えた。

　金属陽イオンが半透膜内に入ったことで、半透膜内のイオン濃度が上昇し、同じく陽イオンの鉄イオンが半透膜から浸透し、外へ出ていく。イオンを含む水溶液の場合、水溶液側からの浸透があり、鉄イオンが半透膜の

外へ出るようになったのではないか。

　上記が正しいかを確かめるため、キレート滴定による検証を行った。

【検証②】半透膜の中にどのくらいのカルシウムイオンが浸透したのか

　【検証①】で、塩化カルシウム水溶液に1日放置後の半透膜中に残っていた塩化鉄水溶液（または半透膜外の塩化カルシウム水溶液）をコニカルビーカーに測り取り、pH 12 緩衝液・硫化ナトリウム水溶液・NN 指示薬と反応させ、EDTA·2Na 標準溶液で滴定し、カルシウム硬度求めた。その結果は**表1**のようになった。

表1　半透膜内外のカルシウム濃度（1日後）

	半透膜の中（塩化鉄水溶液）	半透膜の外（塩化カルシウム水溶液）
データ1	5.23 mL	7.81 mL
データ2	5.15 mL	7.64 mL
データ3	4.90 mL	8.07 mL
滴定平均	5.09 mL	7.84 mL
Ca^{2+} 硬度	0.102%	0.158%

考　察

　1日放置後、半透膜の内外でのカルシウム濃度は一定にはならなかったが、40%ほど半透膜の中にカルシウムイオンが浸透したとわかった。

　2つの検証実験から、鉄イオンを半透膜中に入れて塩化カルシウム水溶液と蒸留水に浸けておいた場合、塩化カルシウム水溶液に浸けた方が、鉄イオンが半透膜の外へ浸透するとわかった。それは金属イオンが周囲にある方がそのイオンが半透膜内に入り、その分、鉄イオンが半透膜から浸透しているためと考えられた。

　小松菜を茹でる際にも同じことが起こると考えられるため、水中に金属イオンがある水で小松菜を茹でると小松菜から鉄が溶け出しやすくなると考えられる。

結　論

　食材に含まれる鉄分をなるべく減少させずに食べるために、調理方法について検討した。

　小松菜を茹でると、茹で汁に鉄分が溶け出し、小松菜本体の鉄分量は減少するとわかった。茹で汁に出る鉄分を減らす方法を検討し、なるべく短時間で、硬度が低い水で小松菜を茹でると良いとわかった。そして、小松菜をお湯に入れるタイミング、小松菜の切り方、茹でる時の水の量は、小松菜の茹で汁に出る鉄分量には影響がないと考えられた。

　また、今回の結果から、食塩などの電解質を足して小松菜を茹でると、小松菜の鉄分をより茹で汁に溶け出させてしまうことも予測される。

〔参考文献〕

1)　日本分析化学会北海道支部編「水の分析」化学同人（2005）

●
努力賞論文

受賞のコメント

受賞者のコメント

健康に役立つことを知りたいと思った

●玉川学園高等部　山本 萌絵

　私がこの研究を始めたきっかけは、健康に役立つことを知りたいと思ったからである。そして、先輩たちのように3年間研究を続け、論文を書いたり発表したりできるようになりたいと憧れて課題研究を始めた。研究を始めると、失敗したり悩んだりして、行き詰まることも多かった。しかし、研究を進めていくうちに多くの疑問がわき、それを自分で解決することが楽しくなってきて、気がつけば、あっという間の3年間であった。そして、論文を完成させることができたとき、研究を続けてきて本当に良かったという充実感を得た。さらに今回、研究の成果を評価してもらうことができ、とても嬉しく思っている。これからも研究を支えてくださった方々への感謝の気持ちを忘れずに、何事も最後まで諦めることなく多くの挑戦をしていきたい。

指導教諭のコメント

陸上部の練習と研究活動を両立

●玉川学園高等部　教諭　木内美紀子

　山本さんは大変真面目で何事にも丁寧に取り組む生徒であり、その姿勢は、研究に対しても発揮されていた。山本さんの研究ノートは大変美しく、行った実験すべてについて詳細に記録されていて、そのノートを見返すと、高校3年間、研究に対して真摯に取り組み続けてきたことが伝わってくる。

　研究内容では、新規性のあること、独創的なことに挑戦したいと思いながら、アイデアがでず行き詰まることも多かったが、ミネラルウォーターを使用した実験結果に対する原因を自分なりに解明できた時の楽しそうな表情は印象的であった。

　陸上部の練習と研究活動を両立させることは大変であったが、3年間地道に取り組み続けた成果を出せたことを大変嬉しく思う。

未来の科学者へ

見つけた疑問を自分で解決してみたいという態度に感心

　本研究のテーマは、自らの切実な体験に基づいて発想したユニークな点で高く評価できる。その目的は、如何にして日々の食生活で接する食材を、できるだけ鉄分を損なう事無く調理するためにはどうしたらよいかということであり、本人以外の多くの人が持つであろう興味深いテーマであることも好感が持てるし、また大変重要なことであると思う。

　論文ではまず、人間の体から鉄分が不足する原因を調べ、さらに鉄源となりうる主な食材や鉄分の定量方法についての基本を述べており、これ以降の実験を理解するために大変効果的な構成となっており、論文全体を読み易くしている。

　実際の研究では、主に小松菜を使ってその加熱前後における鉄分量の変化、あるいは経時や保存方法による変化量の違いなどについて実験を行い、鉄分を損なう要因を見極めている。これらの実験結果から鉄分の減少を極力少なくするような調理前の処理方法、調理時間、温度、水中のイオンやその量など、さまざまな観点から結果に影響しそうな要因を考え、それらについてひとつひとつ検討・検証を加えており、研究の基本に忠実な論文に仕上がっている。

　見つけた疑問を自分で解決してみたい、という研究者としての基本中の基本とも言える態度には大変感心した。今後はより広い視野で社会を見つめ、公共の役に立つようなテーマに関心を持ち、より難しい問題を解決するような心がけを持って科学と関わって行ってほしいと思う。

（神奈川大学工学部　教授　小出 芳弘）

努力賞論文

サンゴの白化メカニズム

（原題）造礁サンゴ共生藻の生態と白化への影響
～サンゴ・共生藻・細菌類の相互作用～

玉川学園高等部
3 年　齋藤 碧

はじめに

　海水温上昇により造礁サンゴの死滅につながる白化現象が深刻化しているが、白化のメカニズムはまだ詳しくわかっていないことが多い。本研究ではその解明を目的とした。共生藻をサンゴのモデル生物であるセイタカイソギンチャクから単離・無菌化し、温度や同時に培養する細菌株などの条件を変化させて増殖の様子を観察した。共生藻増殖の定量化を目的として、平板培養下にある共生藻コロニーのグロースを顕微鏡画像の解析によって測定する方法を開発した。また、サンゴやイソギンチャクを用いた実験も行い、さまざまな視点からサンゴの白化メカニズムについて研究した。

　実験の結果、サンゴの白化が起こる30℃超の高温下で培養した共生藻ではグロースが非常に悪化した。また、サンゴ飼育水から単離した細菌と同時に培養すると、細菌コロニーに近い共生藻コロニーでは増殖が抑制されたのに対し、遠いコロニーでは促進された。

　これらのことから、高水温による造礁サンゴの白化や死滅は、サンゴ体内の共生藻が高温により深刻なダメージを受けることにあると結論づけられる。また、バクテリアがサンゴの白化を促進する[1]という先行研究があ

るが、本研究では、先行研究で白化を促進したものと同属のバクテリアが
通常環境下では共生藻増殖を促進し、高栄養環境では共生藻を死滅させる
ことがわかった。

問題提起および研究目的

1　世界のサンゴ礁は深刻なダメージを受けている

　造礁サンゴ（以下サンゴと略記する場合がある）は、主に熱帯から亜熱
帯、平均水温25℃程度の海に生息する。分類上はクラゲやイソギンチャク
と同じ刺胞動物門となり、近縁であるイソギンチャクはサンゴ研究のモデ
ル生物としても用いられている。造礁サンゴの特徴として炭酸カルシウム
の骨格を作りながら成長していくことがあげられ、この骨格が積み重なっ
て「サンゴ礁」という地形を形成する。サンゴ礁が地表面積に占める割合
は 0.1 % にも満たないが、「海のゆりかご」とも呼称され、全海洋生物種の
4 分の 1 が生息すると言われる[2]ように、サンゴ礁域生態系の根幹を担っ
ている。また、私たち人類にとっては、その堤防効果[3]や観光資源として
の価値、生態系サービスから享受する恩恵も非常に大きい。サンゴ礁の経
済効果としては、計算可能なものだけで年間 300 億ドルにのぼると 2003 年
に試算[4]された例がある。

　しかし近年、海水温上昇に伴う白化現象やサンゴを食害するオニヒトデ
の大量発生などにより、世界のサンゴ礁は深刻なダメージを受けている。
2008 年時点でサンゴ礁のうち 32.8 % が絶滅の危機に瀕しているとの報告[5]
がある。さらに、2018 年には IPCC（気候変動に関する政府間パネル）が
SR1.5（SPECIAL REPORT Global Warming of 1.5 ℃）において、将来
1.5℃の地球温暖化によって 70〜90 %、2℃の地球温暖化では 99 % のサンゴ
が死滅する可能性が高いと衝撃的な報告[6]をした。日本最大のサンゴ礁で
ある石西礁湖でも海水温の上昇により 2016 年にサンゴの 9 割が白化し、7
割が死滅するという大規模白化が発生した[7, 8]。

　海洋生態系を支え、炭素固定の役割も果たすサンゴの保全は SDGs（持

続可能な開発目標：Sustainable Development Goals）の目標 14「海の豊か
さを守ろう」達成に向けた直接的なアプローチである。また、目標 13「気
候変動に具体的な対策を」や目標 15「陸の豊かさも守ろう」などにも密接
にかかわり、造礁サンゴ保全の取り組みに対する国際社会の要求は高まっ
ている。さらに、前記のようにサンゴ絶滅の危険性が示唆されており、そ
の保全は緊急性の高い問題であるともいえる。

　しかし、本稿副題にも付したように、造礁サンゴは"ホロビオント"を
形成する複雑な生態を持っており、その保護は簡単ではない。サンゴは細
胞内に渦鞭毛藻類を共生させており（藻類のうち、サンゴやその他宿主と
共生する種を特に褐虫藻や共生藻と呼称する。本稿では共生関係に注目し
た研究であるため、以下「共生藻」に統一する）、共生藻の光合成産物にそ
の生存・成長を依存している。種によって異なるが、サンゴはエネルギー
供給の 7 割程度を共生藻に依存していると言われる[2]。何らかの原因によ
って健常な共生藻がサンゴ体内から減少している状態が白化である。鮮や
かなサンゴの色は共生藻が抜けると骨格の色が透け、白色になる。文字ど
うり、「白化」するのである。サンゴは自らプランクトンを食べるため、白
化＝サンゴの死ではない。しかし、エネルギー供給に大きな割合を占める
共生藻を失った状態が続けば、サンゴはやがて死滅する。

2　白化のメカニズムには未解明の点が多い

　サンゴの白化・死滅が国際問題となる中、白化のメカニズムには未解明
の点が多い。たとえば高水温はサンゴ白化の最大要因であると言えるが、
高水温がサンゴ組織と共生藻のどちらか、あるいは両方にダメージを与え
ているのかといったことはまだわかっていない。一方で白化したサンゴ内
での共生藻の状態[9]や、成長過程において共生藻を獲得する方法[10]につい
ての報告は多く、最近ではサンゴとバクテリアの関係性についても研究が
深められている。一例としてはサンゴの持つ抗菌活性[11]やバクテリアによ
る白化の進行[12]を示す研究結果がある。

　玉川学園サンゴ班ではサンゴ保全を目的としてサンゴの飼育・移植や研
究を行っており、小学 5 年生から高校 3 年生がサンゴについて学んでいる。
本研究ではサンゴの白化メカニズムを解明し、サンゴ礁ひいては海洋生態

系の保全につなげることを目的とした。私自身は小学 5 年生からサンゴ班で活動し、今年度で継続 8 年目となる中で、2016 年度より共生藻の培養に挑戦し、先行研究の少ない共生藻と細菌類、そしてサンゴとの関係という新たな視点から研究した。特に、サンゴの白化原因として「高水温」および先に挙げた先行研究[12]にある「海洋細菌」に着目し、共生藻の培養やサンゴの顕微鏡撮影といった手法で研究した。

研究の目的と仮説

1 【実験系 A】の流れ

①目的：高水温によるサンゴ白化・死滅のメカニズムを解明する。

②仮説：高水温下でのサンゴの白化・死滅は高水温が共生藻にダメージを与えることにある。

　上記の目的・仮説をもとに、「実験 1」では温度条件を変化させた際の共生藻の増殖を観察した。その結果、高温下で共生藻の増殖が抑制されるという結論を得た。「実験 1」の結果から、「実験 2」ではサンゴ組織のモデルとしてセイタカイソギンチャク自体が高水温によりどのような影響を受けるのかを研究した。さらに、サンゴが白化する様子の観察や白化する水温のボーダーラインの確認、セイタカイソギンチャクのモデル生物としての有用性調査などを目的に、「実験 3」ではサンゴを異なる 4 つの温度条件下に置き顕微鏡で撮影・観察した。

2 【実験系 B】の流れ

①目的：ある種の海洋細菌がサンゴ白化を促進するという先行研究[12]を踏まえ、サンゴ共在細菌が共生藻に与える影響を解明する。

②仮説：サンゴ共在細菌は共生藻の増殖を抑制する。

　上記の目的・仮説をもとに、「実験 4」ではサンゴ飼育水から単離した細菌が共生藻の増殖に与える影響を研究し、「実験 5」では「実験 4」で使用した細菌の温度依存性を研究した。

3 DNA 解析について

　先行研究との比較を目的に、研究に使用した藻類・バクテリア株の DNA 解析および同定を行った。

4 「実験 3」スギノキミドリイシの高温環境応答

①目的：造礁サンゴを顕微鏡で撮影し、白化におけるサンゴの形態変化を
　　　　観察する

②仮説：30 ℃を超える高温でサンゴが白化・死滅する

実験の結果

　顕微鏡下でサンゴを撮影できるシステムを構築し、飼育条件を変えてサンゴを観察した。

　ガラス水槽の一角にアクリルケースを図 1、2 のように養生テープで張り付け、顕微鏡の鏡筒を差し込むことで、水温などの条件を調節できる水量を保ちつつ、高倍率でサンゴを撮影することに成功した。

　サンゴを計 4 回撮影し、撮影倍率と露出および撮影間隔は表 1 のように設定した。

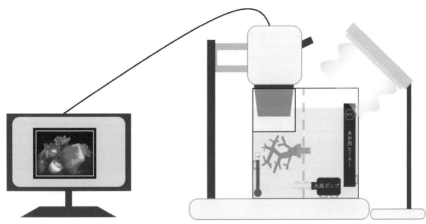

図 1　サンゴ顕微鏡撮影システム全体イラスト

図2　サンゴ顕微鏡撮影水槽イラスト

表1　サンゴ撮影設定条件

設定条件

		倍率	ゲイン	露出時間	撮影間隔	撮影時間	設定温度
撮影回	1	10	7.429 dp	1976 ms	1/120s	15 hour	28.0 ℃
	2	20	露出オート（露出補正75）		1/60s	42 hour	30.0 ℃
	3	20	露出オート（露出補正75）		1/60s		31.5 ℃
	4	10	露出オート（露出補正75）		1/60s	20 hour	32.5 ℃

1　「実験3」スギノキミドリイシの高温環境応答

　水温 28.5 ℃ では長時間の撮影でも白化などサンゴのダメージが見られなかった。一方、水温 32.5 ℃ では撮影開始から 20 時間程度でサンゴがほぼ完全に骨格化した。本稿では撮影回「1」および「4」のデータのみ示す（図 3、4）。

2　結　論

　高温下では共生藻が死滅するが、その影響が即時的でないことを踏まえ、高温下で光合成系が損傷することにより活性酸素を生じさせ、共生藻を死滅へ導くとの説を支持する。一方で低温下でも共生藻の増殖が低下するが、これは高温下における共生藻増殖率の低下とは異なるメカニズムである可

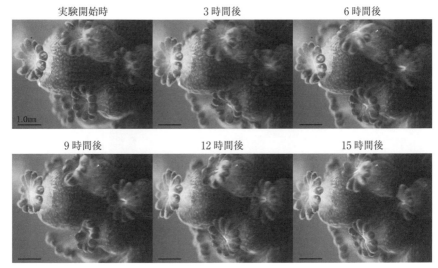

実験開始時　　　　　　3時間後　　　　　　6時間後

9時間後　　　　　　12時間後　　　　　　15時間後

図3　撮影回「1」　28.0℃の条件

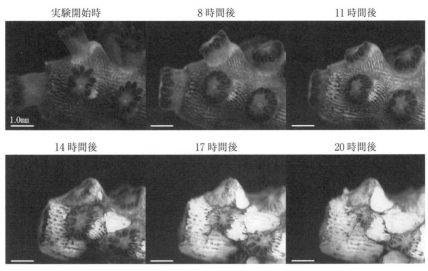

実験開始時　　　　　　8時間後　　　　　　11時間後

14時間後　　　　　　17時間後　　　　　　20時間後

図4　撮影回「4」　32.5℃の条件

能性が高い。

　高水温下ではサンゴが共生藻を放出し、白化した後に死滅する現象と急速に骨格化する現象があり、前者が「共生藻を失ったことによって栄養不

足状態になり死滅する」ものであり、後者が「共生藻の生じさせた活性酸素による短期的な死滅である」と結論づける。

　バクテリアがサンゴの白化を促進するメカニズムとして、バクテリアが共生藻の増殖を抑制・死滅させることにあるとわかった。しかし、本研究では細菌の増殖環境によって共生藻の増殖を促進する場合も観察された。このことから、"造礁サンゴホロビオント"内においては、お互いに及ぼす影響が一意に定まらず、サンゴ − 細菌 − 共生藻のバランスの元で豊かな生態系を構成していると結論付ける。また、造礁サンゴの白化メカニズムをさらに解明することや、さまざまな細菌を活用することでサンゴの白化を抑止し、生態系保護・SDGs の達成に貢献できる可能性が高い。

　今後は光条件なども考慮した条件下で実験を行うなど、より詳細なサンゴの白化メカニズム研究が求められる。また、Coral-Temp 31.5 で観察された白触手のようなサンゴの構造・生態についてもより深く探求する必要がある。

〔謝　辞〕

　共生藻の培養法や研究に臨む姿勢についてご教授いただいた北里大学客員教授丸山正先生、この研究は先生のご指導がなければ成立しなかったものです。この場を借りて厚くお礼申し上げます。

　共生藻株（TS-1, NIES-2639）およびバクテリア株（A, B）の DNA 解析においては、お忙しい中実験場所・資材を使わせてくださった上に、丁寧に解説をしてくださいました株式会社環境技術センターの前川正博先生、小泉嘉一先生、本当にありがとうございました。

　西海区水産研究所の山下洋先生には、研究にアドバイスをいただき、共生藻に特異なプライマーを提供していただくとともに、藻類株（TS-3, TS-4）の DNA 解析で大変お世話になりました、深くお礼申し上げます。

　実験で使用した共生藻（NIES-2639）を提供いただき、TS-4 の分類についてご助言をいただきました環境研究所の河地先生、共生藻単離がうまくいかない時に提供いただいた株が助けになりました、ありがとうございました。

　夜遅くまでなかなかまとまらない研究を指導し、見守ってくださった玉川学園高等部の今井航先生、生物の先生・クラス担任として支えてくださった森研堂先生方理科の先生、研究ができたのは先生方のおかげです、ありがとうございました。

　最後に、日々の生活を支えてくれた母、そして友人たちへ、深く感謝しています、ありがとう。

〔参考文献〕

1)〜11) および13)〜21) については省略する。

12) Tomihiko, Higuchi; Sylvain, Agostini; et al. Bacterial enhancement of bleaching and physiological impacts on the coral Montipora digitate. *Journal of Experimental Marine Biology and Ecology.* (2013, Vol.440, pp.54-60, DOI:10.1016/j.jembe.2012.11.011)。

●
努力賞論文

受賞のコメント

受賞者のコメント

「失敗」があったから成功に繋がった
●玉川学園高等部　３年　齋藤　碧

　発表する時、あるいは成果を論文にまとめる時、研究は仮説から結論までの一本道を進んでいるように見える。しかし実際に研究をしている時は、行く手を障害物に阻まれ、わき道をし、終着点のあてもない。

　結果がわからない道を少しずつ進む過程にこそ研究の面白さがあると思うが、実際には「失敗」の実験が表に出ることはない。本稿は、まさにそうした「失敗」を集めたものである。客観的に見れば条件設定が不十分であったり、実験方法を探るための予備実験に過ぎないものだ。しかし、「失敗」たちにこそ成功を生んだ功績があるのである。

　今回こうして評価されたことを大変うれしく思う。

指導教諭のコメント

８年間の努力を怠らない姿勢が実を結んだ
●玉川学園高等部　SSH主任　理科　今井　航

　小学校５年生からサンゴ飼育や水質管理に携わってきた。研修で遭遇した「サンゴ白化」という目の前にある問題を基に課題を抽出してきた。中学２年生でサンゴと日照時間の関係、中学３年生でその関心は光ストレスと共生藻との関係に移る。高校１年で培地の作成技術と培養技術を確立し、テーマは共生藻のタンパク質分解能力へと拡がった。そして８年間の集大成となる今回の論文へと落とし込んでいった。

　SSH校としての環境を最大限に活かし、研究内容を高めるとともに主体的な探究心で自身の関心を広げ、その時々の感動や興奮を原動力に研究を続けてきた。８年間の努力を怠らない姿勢が実を結び大変嬉しく思う。研究者として活躍したいという「夢」をいつまでも胸に抱き、さらなる飛躍を遂げてもらいたい。

● 努力賞論文

未来の科学者へ

海洋生物好きの姿が思い浮かぶ研究

　サンゴは褐虫藻にすみかと無機栄養塩を、褐虫藻はサンゴに光合成産物を提供する相利共生の関係にある。海水温上昇などにより、褐虫藻がサンゴから放出されるとサンゴ骨格が白く透ける白化現象が起こる。サンゴと同じ刺胞動物門に属するセイタカイソギンチャクの体内にも褐虫藻が共生しており、実験室内で飼育し野生における生態を再現することが困難なサンゴの生理学研究の良いモデルとされている。

　本研究は、まずセイタカイソギンチャクから共生藻を単離無菌化後、画像解析による増殖速度測定法を確立した。この方法により単離した共生藻と国立環境研究所が維持している共生藻を用いて生育温度による増殖の影響を調べ、温度に対する2種の共生藻の増殖の差異を明らかにした。さらに、共生藻の単離の過程で得られた細菌が共生藻の増殖に何らかの関係を持っているのではないかとの疑問を持ち、細菌と共生藻の関係を調べ、いくつかの興味深い結果を得ている。多くの実験を行なっており、実験方法もよく工夫している。高校生が単独で行った研究として十分な評価ができる。ただ、あまりにも多くの結果を一つの論文に詰め込みすぎたため個々の実験の関連性や論理展開がうまくできていない。仮説の立て方についてもよく考えて欲しい。一般に、培養が容易で成長速度の速い細菌は単離されやすく、共生藻の増殖とは無関係の細菌が単離された可能性も疑う必要があるだろう。

　いくつかの課題を提示させていただいたが、この研究で成し遂げられた発見はとても素晴らしい。もう少し実践データを整理して、研究の展開について考えながら論文を書きあげていれば、この研究は努力賞には留まらなかったであろう。海洋生物が好きな高校生が、夢中になって研究に取り組んできた姿が思い浮かぶ研究であった。今後の活躍を大いに期待している。

（神奈川大学理学部　教授　井上　和仁）

●

努力賞論文

巻雲は優れた気象予報士
（原題）雲の天気予報〜暴れ巻雲〜

京都府立桃山高等学校
３年　井上萌　岩合麻耶　白木早紀　西山歩花
２年　相原花歩　今北美穂　井上凜子
１年　伊藤凜　後藤愛加　宮本大輝　村上大地　坂口未涼

●

研究の目的

　空に浮かぶ雲にはさまざまな形がある。私たちは国際的な雲形の分類である「十種雲形」をさらに詳細に分類することによって、その後の天気の変化を読むことができるのではないかと考えた。今回、注目したのは巻雲^{けんうん}だ。観察を続ける中で私たちは、ある種の巻雲の形状が対流性になっていることに興味を持った。また、巻雲の形とその後の天気との関係を調べることで、上空の風の様子が解明できるのではないかと考えた。

　先行研究には、「巻雲には線状やかぎ状などの形状があり、その形状によってその後の天気が変わる」という内容のものがあるが、詳しい原因や雨量との関係などについては、まったく触れられていない。そこで私たちは、巻雲の形状の詳細な観察と分類によって、簡単にそして正確に天気予報ができるようになることを目的として巻雲を観察することにした。

研究方法

　巻雲の形状によって「その後の天気が変化するのか」を確認するために3つの方法を用いた。

①毎日空の写真を撮る。特に巻雲が出た時は、方角、時間、巻雲の形状、前後の天気に注目した。また、気象衛星画像・高層天気図・地上天気図を用いて巻雲の形状と気象条件の関係を調べた。

②巻雲の形状から、その後の天気、雨量を予想し、後日に実際の雨量と比較した（気象庁アメダスを利用）。

③パイバル気球を用いて巻雲の高さ、その周辺の大気の風向、風速を調べる。パイバル気球とはヘリウムをいれた風船を追いかけ、風船の動きによって風向、風速を測定するものである。

巻雲の性質と分類

　巻雲とは、低気圧の温暖前線の一番高いところにできる雲である。高度

線状巻雲
（2019/4/12）

図1　線状巻雲（2019年4月12日撮影）

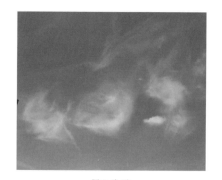

暴れ巻雲
（2019/6/26）

図2　暴れ巻雲（2019年6月26日撮影）

5000 m 以上に発生するため、雲は水滴ではなく氷晶からできている。雲を形成する氷晶が大きく成長し、重くなると同時に落下しながら蒸発する。偏西風は高いところほど風速が大きいため雲の粒はどんどん風に流されていき、雲の塊から先にのびているような形になる。つまり巻雲は風に左右されやすい。

　次に、私たちは、巻雲を形状によって、「線状巻雲」と「暴れ巻雲」という2種類に分類した。

　1つ目は図1に示した線状巻雲である。線状巻雲とは、名の通りまっすぐ伸びている巻雲である。

　もう1つは、私たちが暴れ巻雲と呼んでいる雲（図2）で、線状巻雲に比べて、大気の乱れている様子がわかる。

線状巻雲・暴れ巻雲が出現した日（後日）の気象解析事例

【解析事例1】線状巻雲（図1）　解析日時：2019 年 4 月 12 日〜 13 日

　2019 年 4 月 12 日に線状巻雲が確認できた。地上天気図によると 12 日に低気圧は京都府の南側を通過している（図3）。

2019 年 4 月 12 日〜13 日の天気図
（線状巻雲）

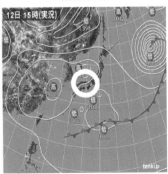

4 月 12 日

図3　2019 年 4 月 12 日の天気図（線状巻雲が現れている）

2019 年 6 月 26 日〜27 日の天気図
（暴れ巻雲）

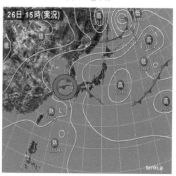

6 月 26 日

図 4　2019 年 6 月 26 日〜27 日の天気図（暴れ巻雲が現れている）

【解析事例 2】暴れ巻雲（図 2）　解析日時：2019 年 6 月 26 日〜 27 日

　2019 年 6 月 26 日に暴れ巻雲が確認できた。天気図を見ると梅雨前線の折れ曲がったところに低気圧が発生している（**図 4**）。この低気圧は 27 日にかけて日本列島に近づいてきており、27 日には 21.5 mm の雨量が観測されている。

①低気圧の中心が京都市の南を通過

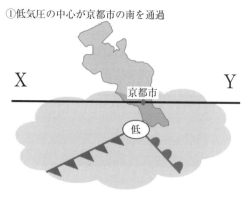

図 5　低気圧の中心が京都市の南を通過する時の天気図

考　察

　線状巻雲は、低気圧が京都の南を通過した時に発生することが多い（**図5**）。これは、京都が低気圧の北側に位置するため、温暖前線面での上昇気流の影響を受けないので線状巻雲となると考えられる。また、温暖前線で発生する雨雲である乱層雲などから離れているため、低気圧の通過時に雨が降らないのではないか（**図6**）。

①断面図

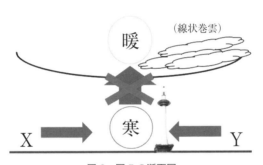

図6　図5の断面図

①低気圧の中心が京都市付近を通過

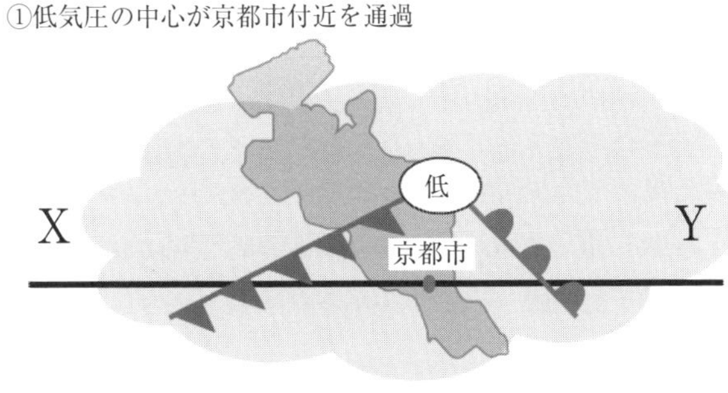

図7　低気圧の中心が京都市付近を通過する時の天気図

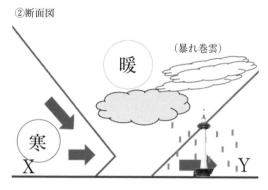

②断面図

（暴れ巻雲）

暖

寒

X

Y

図8　図7の断面図

　暴れ巻雲は、低気圧が京都付近もしくは京都の北側を通過する時に京都上空に出現する（**図7**）。線状巻雲と同じように形成された巻雲が、温暖前線の上昇気流により線状から暴れ巻雲にかわるのではないかと考えられる。暴れ巻雲が確認できた当日、もしくは1日から2日後、温暖前線の通過により乱層雲などが雨を降らすのではないか（**図8**）。

巻雲を乱す真の原因を探すための実験

　暴れ巻雲を形成する対流（乱流）の原因を考えたが、温暖前線では層状の雲ができるので穏やかな上昇気流である。このため、温暖前線が巻雲を乱す真の原因を探すために実験を行った。

1　実験方法

　ビーカーを2つ用意し、片方には温暖前線を模した発泡スチロールを取り付ける。それぞれのビーカーに水を入れ、上部ほど流速が大きくなるようにかき混ぜた後、牛乳を数滴たらし様子を見る。牛乳を用いた理由は、牛乳は水よりも少し重いために水の中を沈みながら流れていく。これは巻雲を作る氷晶が落下しながら後ろへ流される様子を再現できると考えたからである。

図9　対流雲的な暴れ巻雲が形成される様子

2　実験結果

　発泡スチロールを取り付けていないビーカーでは、水をかき混ぜる時に発生する水流中の乱れが小さくなるに従って、牛乳が線状になっていく様子が観察できた（**図9左**）。

　一方、発泡スチロールを取り付けたビーカーでは発泡スチロールによって上昇した水流がその上部の水流を乱すことによって、牛乳が暴れ巻雲の形状に変化していくのがわかった。

　このことから、温暖前線によって形成される上昇気流が、もっと高いところを流れている偏西風を乱すことで対流雲的な暴れ巻雲が形成されるのはないかと考えられる（図9右）。

観察結果のまとめ

　暴れ巻雲が出て、雨が降った日は 2018 年 5 月から 2019 年 6 月までの 1 年間で 65 回あった。これらの時の雨量は 10 mm 以上降る日がほとんどであった。逆に暴れ巻雲が出て雨が降らなかったのは 20 回あり、夏季に多かった。この原因としては、夏季に発生する「暴れ巻雲」は温暖前線によって生じたものではないということである。

　夏季は、日射によって生じた上昇気流で積乱雲が発生する（熱雷と言う）がこの積乱雲の上部から吹き出す気流が暴れ巻雲によく似た形状の巻雲を生じることがある。一般に熱雷は直径が数 km〜10 km のことが多く、この積乱雲の通過で雨が降るかどうかの予測は難しい。このため夏季には暴れ巻雲が出ていても、その後、大雨にならないことが多いのである。

結　論

1　巻雲の形状について

　巻雲は日本列島または京都を低気圧のどの位置が通過するかにより形状が変わると考えられる。暴れ巻雲が出ている時は、温暖前線で発生した雲である乱層雲がその後に移動してくるために雨が降りやすくなる。夏季は気温が高いために積乱雲が発生し、そこから噴き出す雲が暴れ巻雲のようにみえることもあり、予想が難しい。

2　巻雲による天気予報の１年を通して考えられる傾向

　春と秋は巻雲が出やすく、雨の予報も高確率であった。これは、ジェット気流や偏西風に流されて、低気圧が西から東に移動してくるために前線面でできた巻雲とその後ろの雲が同じ方向に動くからである。

　夏、冬はそもそも巻雲がでにくく、出たとしても天気との関係が希薄だと考えられる。夏は、前述のとおりである。冬は大陸のシベリア高気圧により雪雲が北から南への動きをする。つまり、西から東へと移動する巻雲とは別物といえる。

　これらの結論から巻雲による天気予報は春と秋にするのが最適である。今回の研究は、京都をベースに研究を行ってきたが、この研究成果はほかの地域でも利用可能と考えている。低気圧の移動する経路によって、線状巻雲か暴れ巻雲かの形状が決まってくる。このことから、前日に現れる巻雲の形状を見極めることができるようになれば、次の日の天気や雨量を予想することができるはずである。

今後の課題

　どれを暴れ巻雲とみなすかを決め、雨の予報のあたる確率をあげ、さらに暴れ巻雲のレベル分けをすることで雨量の予測ができるようにしたい。これは、暴れ巻雲の対流度が小さい時、雨量が数 mm ほどであり、対流度が大きい時には数十 mm 降ったという観察結果から、暴れ度でおおよその雨量が推測できるのではないかと考えたからである。

　また、パイバル気球を上げて線状巻雲と暴れ巻雲が出ている日の空状態の違いを調べ、巻雲のメカニズムも深く研究していきたい。これら2つを行うと同時に、これまでと同様に巻雲の観察を続けていき、だれでも簡単に天気予報を行えるよう研究を進めていきたいと考えている。

〔**参考文献**〕

1）塚原治弘『明日の天気がわかる本』株式会社地球丸（1998）
2）気象庁 HP（https://www.jma.go.jp）
3）日本気象協会（https://www.tenki.jp/）
4）バイオウェザーお天気豆知識（https://www.bioweather.net）

● 努力賞論文

受賞のコメント

空と雲の魅力がわかった

●京都府立桃山高等学校　グローバルサイエンス部

　私たちは、十種雲形の一つである巻雲の変化が、その後の天気の変化と関係していることに気づき研究を始めた。

　研究を続ける中で、線状巻雲と暴れ巻雲を見極めることは大変困難で、分類しきれないものもあった。また、どうして暴れ巻雲が出現するのか天気図を見ても苦労することがあった。しかし、毎日空を観察したからこそ、さまざまな雲の形を知ることができ、新たな空の魅力を感じることができたと思う。

　これからも空・雲を観察し、巻雲の未だわかっていないことを研究していきたい。

　今回この研究を進めるに当たってご指導いただいたグローバルサイエンス部の先生方に感謝したい。また、研究が評価され、努力賞をいただいたことを大変光栄に思う。

指導教諭のコメント

雲の目視観測は天気予報の基本

●京都府立桃山高等学校グローバルサイエンス部　顧問　村山 保

　本校グローバルサイエンス部には、天気予報班があり、毎朝授業前に地上・高層天気図などを用いて天気予報文の作成を行っている。この天気予報は昼休みに全校放送されるが、それに合わせて雲観測を行っている。つまり、毎日の雲観測が部員の仕事になっている。この雲観測の作業の中で、巻雲の形状と天気（雨量）との関係に気がついた。そして、この天気（雨量）予想がけっこう当たるのである。

　現在の天気予報は、スーパーコンピュータによる数値予報で、かなりの確率で当たる。しかし、天気予報にはやはり目視が必要である。雲は、その後の天気変化をいろいろと教えてくれている。これからも、予報支援資料による天気予報とともに雲観測をしっかりと行い、雲の気持ちがわかる観測者になってほしいと思う。

未来の科学者へ

継続的な観測と丁寧な検証の裏付けが信頼性を高めている

　身近な現象の観測から得られた情報によって未来の現象を予測しようという試みは過去多く行われている。その方法の1つとして夕焼けの次の日は晴れるとか蛙がよく鳴くと雨が降るというように、注意深い観測によって異なる2つの現象の間に強い相関を見いだす経験則がある。別の方法としてできるだけ基本的な法則から因果関係を明確にしながら問題とする現象が起きることを論理的に説明しようとする方法がある。物理法則に基づいた数値計算による天気の予測がその代表例である。

　この2つの方法論は一見すると後者の方が高級に見える。しかし先の数値予測の例では世界でもトップクラスのスーパーコンピュータによる大規模計算が必要になる。それでもゲリラ豪雨のような局所的な現象の予測は苦手である。前者の経験則では相関の強いうまい現象に着目すればずっと少ない情報から効率的な予測が可能になるかもしれない。

　このような視点から今回の研究を検証してみると、注意深い観測によってまず暴れ巻雲という現象と未来の降雨の間の相関に着目している。経験則の有効性のキモはいかに多くのデータを公正に検討しているかということであるが、論文に明記されている事例以外に継続的な観測の裏付けが感じられ、信頼性を高めている。

　それにとどまらず、メカニズムの解明にも取り組み、天気図との比較により前線通過に伴う上昇気流が暴れ巻雲を発生させる条件について考察し、裏付けのための簡単な実験を行っている。結果には必ず理由があるというのが科学者の基本的な姿勢であり、この論文からは丁寧な検証プロセスにその精神が感じられる。

　よい結果を出すための「技術」とともになぜなのかを丁寧に追求する「科学」の精神をもって、これから科学者を目指すみなさんには大いに励んでもらいたい。　　　　　（神奈川大学理学部　准教授　知久　哲彦）

●

努力賞論文

播磨地方に見られるシハイスミレと その変種の正体

（原題）兵庫県播磨地方におけるシハイスミレと 変種マキノスミレの形態分析と分子系統解析

兵庫県立小野高等学校　スミレ班
２年　亀田 友弥　田中 朝陽　穂積 芳季　福本 愛奏音
１年　真鍋 文月　山口 夏巳
３年　小堀 玲奈　廣瀬 彩邑里　山下 和真

●

研究の背景・目的

　小野高校スミレ班では 2015、2016 年度の２年間、いろいろな方々の協力により日本産スミレ属の各スミレの葉から DNA を抽出し、葉緑体 DNA の *matK* 領域を増幅、塩基配列の解析を行い、それをもとに分子系統樹を作成した。その結果、ミヤマスミレ亜節以外のスミレでは種ごとに塩基配列の変異はほとんど見られず、よくまとまっていたが、ミヤマスミレ亜節に属するシハイスミレ（*V. violacea* var. *violacea*）とその狭葉変種マキノスミレ（*V. violacea* var. *makinoi*）において、種を超えた多数の塩基配列の変異が認められた。

　また、昨年度から今年度にかけて調査地を広げ、この２種を調べた結果、本校のある播磨地方のマキノスミレは東日本のマキノスミレより大型であることがわかってきた（**図1**）。この地方にはシハイスミレ、大型のマキノスミレ、両種の中間型でどちらとも区別しがたい形態のスミレが見られる。

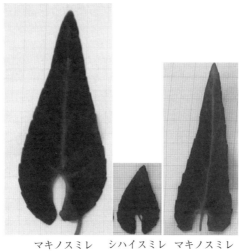

マキノスミレ　シハイスミレ　マキノスミレ
（播磨地方）　　　　　　　（山形）

図1　播磨地方で見られる大型のマキノスミレ

　これらのことから、この地方ではシハイスミレとマキノスミレが混ざり
合い大型の新しいタイプができたのではないかと考え、形態、生育分布、
生育環境、および葉緑体 DNA の *matK* 領域、核 DNA の *its* 領域について
研究を行い、播磨地方に見られるこれらのシハイスミレとその変種の正体
を明らかにすることにした。

実験方法

1　形態分析

　分布調査を行い、各シハイスミレ、マキノスミレの葉は5月～11月に個
体群の中から成熟した個体のもっとも大きな成葉を1枚採集した。採集し
た葉はすべて吉田ら（2012）[2] の論文を参考に、L1（葉の長さ）、L2（最
大幅）、L3（最大幅から先端までの長さ）、L4（最大幅から下部までの長
さ）を測定した。得られたデータはフリーソフト R を用いて、箱ひげ図

（データのばらつきをわかりやすく表現するための統計図）と主成分分析を行った。

2　分子系統解析

　各個体群から葉の大きいもの、小さいもの、中間的な大きさのもの3サンプルを選び、葉から5mm角の切片を切り取り、改良したCTAB法でDNAを抽出した。PCR法を用いて葉緑体DNAの *matK* 領域を増幅し、電気泳動で確認ののち、DNAを精製してmacrogen-Japanにシーケンス解析を依頼した。

　得られたシーケンス結果は、フリーソフトMEGA（v10）を用いて（観測されたデータからそれを生んだ母集団を説明しようとする際に広く用いられる）最尤法により解析、系統樹を作成した。また、多くのハプロタイプが見られたのでDNAsp（v5.10）でハプロタイプの分析を行い、Network（v5.0）でハプロタイプネットワーク図を作成した。さらにQGISを用いて地域ごとの遺伝子集団構造図を作成した。

　核DNAの *its* 領域についても同様に分析を行った。シーケンス結果から、純系と思われるサンプルだけを用いて分子系統樹を作成、このデータを元にハプロタイプネットワーク図を作成した。

実験の結果

1　形態分析

　調査の結果から、マキノスミレは兵庫県神戸北区から三木市、小野市はもちろんのこと、加古川水系を越え加西市にも生息していた。また、しばしば播磨地方ではシハイスミレとマキノスミレは同じ個体群に混在し、中間型でシハイスミレともマキノスミレとも判断しがたい個体が見られた。マキノスミレの群落では東日本の個体と異なり、当地方特有の大型のマキノスミレの形態をしたスミレが多数生育していた。これを仮称、播磨型マキノスミレ（harima）とする。

　葉の測定結果L1、L2、L3、L4、L1/L2、L4/L1を用いて箱ひげ図を作

成した（図2）。L1、L2、L3、L4 を見ると、すべてのデータで当地方の播磨型マキノスミレの値が大きくなった。L1/L2 は葉の細長さの指標となるが、典型的なマキノスミレは播磨地方のものより細長い。また L4/L1 は葉の最大幅である部分の位置を表すが、シハイスミレよりも播磨型マキノスミレは最大幅の位置が下方にあり、マキノスミレとの中間となっている。

　L1、L2、L3、L4、L1/L2、L4/L1 を用いて主成分分析を行った結果を**図3**に示す。PC1 は葉の長さ、PC2 は葉の最大幅の位置を表していると考えられ、PC2 が大きければ葉の最大幅の位置が上部の方にあるシハイスミレ、小さければマキノスミレとなっており、葉の最大幅の位置が重要な要素であることが読み取れる。播磨型マキノスミレは PC2 については両種の中間的な場所に位置するが、L1、L2 が大きい個体が多く、私たちが観察したときに感じたように、東日本のマキノスミレと比べてより大きく、より細長い個体が多いことが示されている。

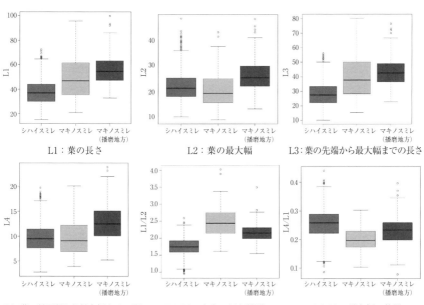

L1：葉の長さ　　　　　　　　L2：葉の最大幅　　　　　　　L3：葉の先端から最大幅までの長さ

L4：葉の最下部から最大幅までの長さ　L1/L2：大きいほど細長い　L4/L1：最大幅の位置

図2　葉の形態分析

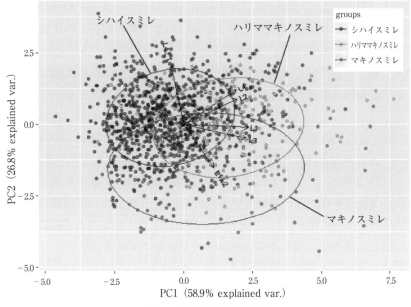

図3　葉の形態の主成分分析

2　葉緑体 DNA の *matK* 領域、核 DNA の *its* 領域における解析結果

　葉緑体 DNA の *matK* 領域を用いた MEGA10 による分子系統樹を**図4**に、DNAsp によるハプロタイプネットワーク図を**図5**、フリーソフト QGIS による遺伝子集団構造図を**図6**に示す。

　系統樹はハプロタイプごとにまとめて作成したものである。葉緑体 DNA の *matK* 領域でも、核 DNA の *its* 領域でも播磨地方では多くのハプロタイプが生じていることがわかった。

　ハプロタイプネットワーク図（図5）、また生育地ごとにハプロタイプをグラフ化した遺伝子集団構造図（図6）から、主に典型的なマキノスミレに見られる H8 は山形から東日本、そして播磨までに分布する。ハプロタイプの H10、H11 そして、そこから1塩基置換した多くのハプロタイプは播磨地方特有のハプロタイプであることがわかった。H1 は岡山県から鳥取県、兵庫県北部に見られる。また、当地方特有の播磨型マキノスミレのハプロタイプは当地方に見られる H10、H11、H14 を示した。

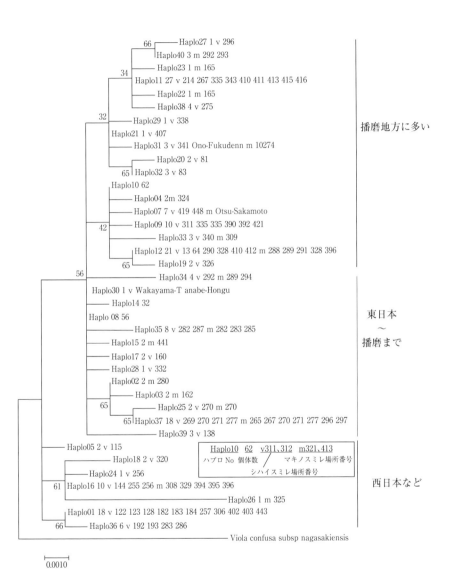

図4　シハイスミレ、マキノスミレの系統樹

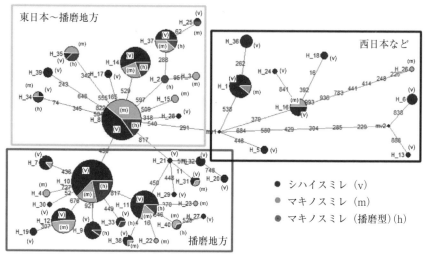

図5　ハプロタイプネットワーク図（葉緑体 DNA *matK* 領域）

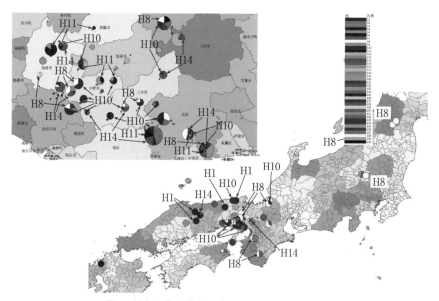

図6　遺伝子集団構造図（葉緑体 DNA *matK* 領域）

　its 領域については、シーケンス解析の結果、波形が2重となり交雑していると考えられる個体が半数以上見られた。今回はきれいな波形の見られた純系と思われる個体で解析を行った。この分子系統樹では兵庫県北播磨地方周辺に見られるシハイスミレ、マキノスミレは明らかに別のクレードを形成し、他の地方と異なっていた（**図7**）。

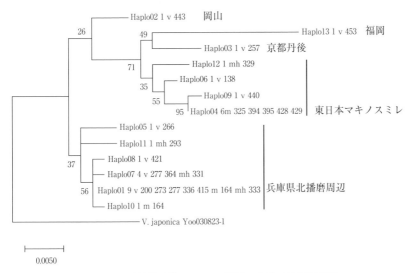

図7　分子系統樹（核DNA　its領域　番号は採集地番号）
v：シハイスミレ、m：マキノスミレ、mh：当地方大型種

考　察

　播磨地域にはマキノスミレは分布しないとされていたが、調査の結果、典型的なシハイスミレ型ともマキノスミレ型とも異なる播磨型の大型のマキノスミレが播磨地方に多く見られることがわかった。葉緑体DNAの*matK*領域ではシハイスミレとマキノスミレで多数のハプロタイプがあり、系統樹（図4）、ハプロタイプネットワーク図（図5）から両種のハプロタイプは、大まかにH8を中心とする典型的な東日本のマキノスミレに見ら

れるハプロタイプ、H10、H11 やこれらから生じた播磨地方にのみ見られる多数のハプロタイプ、岡山県や鳥取県の典型的なシハイスミレが持つハプロタイプの３つのタイプに分かれると考えられる。

　当地方特有の播磨型マキノスミレや中間型のスミレの遺伝子は *matK* 領域では播磨特有のタイプを示したことから、播磨型マキノスミレは当地方で生じたと推定され、そのハプロタイプは東日本のマキノスミレから１塩基変異した H10、さらに１塩基変異した H11 が中心となっている。葉緑体DNA は母性遺伝で、マキノスミレのハプロタイプ H8 は当地方まで広がっており、当地方のシハイスミレにマキノスミレが交雑して生じた可能性が高い。

　its 領域の分析結果は当地方のハプロタイプは東日本のものとも西日本のものとも異なり、独自のハプロタイプを示した（図7）。母性遺伝である葉緑体DNA の *matK* 領域のハプロタイプの分布と合わせて考えると、東日本に分布していた典型的なマキノスミレが播磨地域に広がり、播磨地域で西日本に分布するシハイスミレと交雑し、この混在地でシハイスミレとマキノスミレが頻繁に遺伝子を交換し多数のハプロタイプが生じた。その結果、当地方特有の遺伝子タイプを持つ、大型の播磨型マキノスミレが生じたと考えられる。当地方特有の大型のマキノスミレは形態もハプロタイプも典型的なシハイスミレやマキノスミレと異なる。私たちはこのスミレをマキノスミレの１タイプ、ハリママキノスミレ（*V.violacea var. makinoi f.harima*）と名づけたいと考えている。

〔謝　辞〕

　ご指導いただいた以下の先生方に深く感謝します。
・兵庫教育大学認識形成系教育コース自然系教育分野（理科）　笠原 恵先生
・神奈川大学特別助教　岩崎貴也先生
・山形大学理学部生物学科教授　横山 潤先生
・首都大学東京理工学研究科教授　田村浩一郎先生
・関西学院大学経済学教授　古澄英男先生
　また、本研究に際し、中谷医工計測技術振興財団より科学教育振興助成

金をいただきました。紙面を借りてお礼申し上げます。

〔参考論文〕

1）　Ki-OugYoo,Su-Kil JANG（2010）Infrageneric relationships of Korean Viola based on eight chloroplast markers.Jsyst.Evol.48：474-481

2）　MasatakaYoshida,HiroshiHayakawa,Tatsuya Fukuda and Jun Yokoyama（2012）
Incongruence between Morphological and Molecular Traits in Populations of Viola violacea（Violaceae）inYamagata Prefecture Northern Honshu, Japan. Acta Phytotax. Geobot. 63（3）：121-134

3）　門田裕一他　『改訂新版日本の野生植物3 pp209-227』平凡社（2016）

4）　浜栄助　『原色日本のスミレ pp212-214』誠文堂新光社（1975）

●
努力賞論文

受賞のコメント

実験がうまく進んだ時の達成感を味わった

●兵庫県立小野高等学校　スミレ班

　本研究では身近な植物であるスミレに関してその分類に疑問を持ち、自分らで採集しに行ったり、さまざまな方から譲っていただいて全国各地のスミレの葉を集め、DNA を抽出、分子系統解析や形態的特徴の分析を行った。実験によって得られたデータは「QGIS」、「MEGA」、「R」など、さまざまなソフトを駆使して結果にまとめた。研究の中でデータ処理や研究のノウハウなどを学び、今後大学などで研究を行う際にも役立つ知識や経験を積むことができた。さまざまな場面で困難に直面したが、その都度班のメンバーと議論を重ねたり、大学の先生方にアドバイスをしていただいたりして試行錯誤を繰り返して研究を進めることができ、研究の難しさとうまく実験が進んだ時の達成感を味わうことができた。

指導教諭のコメント

実験ノウハウも先輩から後輩へ引き継がれている

●兵庫県立小野高等学校　教諭　藤原正人

　スミレにタンポポ、レンゲソウ。小学生でも知っている春の花だがスミレ科スミレ属の分類は難しい。日本にはスミレ愛好者が多く、いろいろな人たちが研究をされており、日本産スミレ属はたいへん形態的に似ているにもかかわらず、約58種、亜種、品種等を数えると100種類におよぶ。

　本校スミレ班はこのスミレ属の研究に取り組んで5年目、現在は5代目と6代目が研究に取り組んでいる。難しい分類の仕方も、実験ノウハウも先輩から後輩へ引き継がれ、研究が進む中でさらに新しいテーマを見つけ、研究を継続している。野外調査をし、いろいろな研究者へ生徒自ら連絡して直接指導を仰ぎ、研究が続いている。指導教諭の手を離れ、毎日のように自分たちで研究に取り組んでいる姿に頭が下がる思いである。

努力賞論文

未来の科学者へ

大きな感動が科学研究を支える原動力に！

　この研究は、スミレ属のシハイスミレと、その変種のマキノスミレについて、分布地調査と分子系統解析を行い、新たなハプロタイプをもつ個体が地域的に分布することを明かにしたもので、これを品種ハリママキノスミレと名づけることを提唱した。従来の知見では、シハイスミレは東日本、マキノスミレは西日本を中心に分布するといわれてきた。小野高校のある兵庫県播磨地方を中心として分布を丹念に調査した結果、両者のいずれよりも大型のマキノスミレが分布していることを発見した。これら3種について分子系統解析とあわせて、地理的分布のGIS解析、形態特性についての主成分分析などを行って、シハイスミレとマキノスミレがこの地域で交雑した結果生じた多様なハプロタイプの一つから、この大型の播磨型マキノスミレが生じたであろうと結論づけている。現在のこの分野の知見を周到に学び、実験準備を行ったうえで必要なデータをとっていったこと、必要な各種の解析方法を取り入れたこと、そのうえで論理的で新たな発見につながる妥当な結論を導いたことは、優れた科学論文として必要な基準を十分に満たしていると思う。高校生の研究者たちにとっては、おそらく初めての本格的な科学研究であったろう。週末に野山で分布調査、早朝と放課後に実験に取り組んだとのことであるが、地道で粘り強い努力が必要だったと思う。その結果、ただ見ていただけではわからない新たな自然の営みが明かになったことから、大きな感動を得たことだろう。それこそが、科学研究を支える原動力となるものであり、これからの歩みの中で、この貴重な経験を生かしてもらいたい。

（神奈川大学理学部　教授　丸田　恵美子）

● 努力賞論文

溶液の「濃い」と「薄い」の境界を探る

（原題）沸点から溶液の「濃い」「薄い」の境界を探る
―蒸気圧の測定を通して―

兵庫県立柏原高等学校　理科部
２年　大槻 紗也　小西 博都　荻野 亜美　吉見 美空

動機と目的

　化学の教科書の「溶液」の項で「希薄溶液」という語句を習う。しかし、どの濃度までが希薄で、どこから濃いのか、その境界が気になりこれを知りたくなった。教科書には凝固点の測定法は載っているが、沸点ではどうなのか、まずは沸点について研究を始めた。

　一般に溶液の沸点は溶媒の沸点より高く、その差（沸点上昇度）Δt は、希薄溶液では質量モル濃度に比例する。私たちの目的は、希薄溶液としての濃度の限界を知ることなので、濃度を変えて沸点上昇度を測ればよいと考えた。そこで、先輩たちが、ビーカーに水や水溶液を入れ、デジタル温度計で沸点の直接測定をしたが、溶液と外部との熱交換が大きいためなのか、うまくいかなかった[1]。

　沸点の直接測定が困難だったので、次に私たちは蒸気圧の測定から沸点を求めることにした。これより溶液の沸点上昇度Δtと濃度の関係を調べていけば「薄い」と「濃い」の境界がわかると考えた。具体的には、濃度1

mol/kg の沸点上昇度であるモル沸点上昇 K_b は薄い溶液では一定になるが、**図1**のように濃い溶液では大きくなるのではないかと考え、これを仮説とした。濃いと薄いの境界はグラフの折れ曲がった部分で、ここの K_b の濃度を求めるために、まずは水そしてヘキサンを溶媒とした蒸気圧の測定研究を行った。

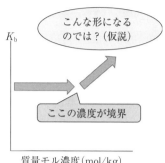

図1　濃いと薄いの境界

蒸気圧の測定原理と方法
（測定装置の製作に一番苦労した）

1　原　理

　蒸気圧とは、気液平衡になった時の蒸気の圧力である。すなわち密閉した容器に溶媒（溶液）のみを入れ、蒸発によって容器内の圧力が一定で変化しなくなったところが気液平衡で、この時の圧力を測定すればよい。

2　測定装置の試作と改良

　私たちは、丸底フラスコとビーカーを用いて測定装置を製作した。先輩から引きついだ装置に、多くの改良をして完成したのが**図2**である。測定精度を上げるには容器の密閉性と断熱性が重要である。また、温度計の精度も重要である。ここで行った改良点を次に述べる。

【改良点①】白金温度計を使う

　容器の密閉性の問題点は図2のフラスコのゴム栓部（A、B、C）にある。まず温度

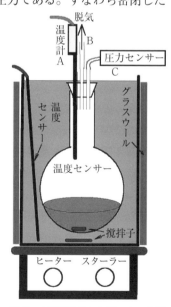

図2　丸底フラスコとビーカーを用いた測定装置

計 A は、いろいろな温度センサーを試したが、最終的には棒状でゴム栓に突き刺すことのできる白金温度計（CENTER376 佐藤商事製）にした。これで密閉性が格段によくなると同時に、この温度計は 0.01 ℃まで測定できるので測定精度も大きく向上した。

【改良点②】脱気用のコックを樹脂製からガラス製に変更

　次に、B につける脱気用のコックは樹脂製からガラス製に換え、グリスを塗った。C の圧力センサー（ナリカ製）の密閉性は問題なかったので、これでゴム栓部の密閉性の問題は解決された。

【改良点③】ビーカーをトールビーカーに変更

　次は容器の断熱性の問題である。フラスコの口が水面から少しでも出ると、熱交換がおこってしまう。そこで、ビーカーをトールビーカーに変更し、フラスコ全体を水に浸すようにした。これでフラスコがすべて水中に浸かり、フラスコと外部との熱交換はなくなった。さらにビーカーの外側をグラスウール（断熱材）で隙間なく巻き、測定時には水面をラップで覆った。これでビーカー外壁や水面から熱が逃げるのを防ぐことができた。

図 3　測定装置の外観

　これらの改良により、フラスコの密閉性は高くなり、内部の温度は一定に保たれ、温度計の精度も高くなった結果、より正確な測定値が得られた。実際下の「3」の手順に従い純水で測定したところ、沸騰した水に浸したフラスコ内の温度が99.5 ℃を超え、沸点に近い蒸気温度が達成できた。実際の測定装置を**図 3**に示す。

3　実際の測定手順

　実際にはトールビーカーに入れた水をスターラーのヒーターで加熱する（水は熱水を入れると時間の節約になる）。これに図 2 のように溶液（溶媒）の

入ったフラスコのコックＢを開けて浸し、撹拌しながらアスピレーターで
減圧しコックを閉める。これを３回以上繰り返し、空気を抜きフラスコ内
を蒸気のみにする。ビーカーの水温とフラスコ内の温度を観察し、熱平衡
になったことを見計らいヒーターを調節し、ゆっくり温度が下がるように
する。そしてフラスコ内温度 0.25 ℃ごとに、その時の圧力を測定する。ゆ
っくり温度を下げるのは、準平衡を保ちながらフラスコ内の温度と圧力を
測定するためである。

蒸気圧の測定結果と考察
（濃い溶液では K_b が０になることを発見）

　溶媒の蒸気圧は、任意の温度での値は文献値に見当たらず、アントワン

温度℃		99.25	99	98.75	98.5	98.25	98	97.75
圧力 kPa	測定	99.1	98.0	97.1	96.3	95.4	94.5	93.7
	文献	98.6	97.8	96.9	96.0	95.1	94.3	93.4
	差	− 0.5	− 0.2	− 0.2	− 0.3	− 0.3	− 0.2	− 0.3

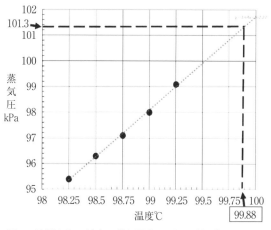

図４　溶媒として純水の蒸気圧を 10 回以上測定した平均

式[2)]を用いて求めた。これで実用上、十分であると考えられる。溶媒として水およびヘキサンを、溶質には水ではグルコース、ヘキサンではナフタレンを選んだ。

1　水-グルコース

【手順①】 得られた蒸気圧の値から水の沸点を求める

　まず溶媒として純水の蒸気圧を10回以上測定した平均を**図4**の表に示す。値は、アントワン式の値より0.2〜0.5 kPa大きい。そして、得られた蒸気圧の値から水の沸点を求めた。すなわち図4のグラフに示すように、98.25 ℃から99.25 ℃までの5つの測定点をとり直線に近似し、圧力101.3 kPaに外挿して水の沸点を99.88 ℃とした。以降、沸点はこの方法で決定した。

【手順②】 溶液の沸点を求める

　水の沸点が決まったので、次に水溶液について蒸気圧を測定した。溶液の沸点は、濃度を変えたグルコース水溶液の蒸気圧から水の場合と同様に求めた。溶液の沸点が求まると、水の沸点（99.88 ℃）との差である沸点上昇度Δtがわかる。次にΔtとその時の質量モル濃度から、1 mol/kgあたりの沸点上昇度（モル沸点上昇、以下K_bと表記）を求めた。

　得られた濃度とK_bとの関係を**図5**に示す。図5より0.4 mol/kgより薄い溶液ではK_bが大きくばらついているが、1 mol/kgより濃い溶液（囲み部

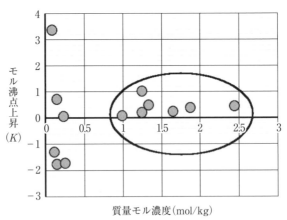

図5　得られた濃度とK_bとの関係

分）ではばらつきが小さくなっている。薄い溶液で K_b の測定値がばらつくのは、K_b の文献値が 0.52 K と小さいため蒸気圧降下も小さくなり、沸点上昇度 Δt に誤差が生じたものと考えられる。しかし 2 mol/L を超えても K_b が 0.5 K 近くあるのは、いかにも不自然である。いろいろ考えた結果、その原因として水の沸点を 99.88 ℃ の一定値としたことに気付いた。以下にその考察を述べる。

【手順③】K_b を再計算する

　濃い溶液では 99 ℃ でも蒸気圧が 96～97 kPa に下がる。したがって、この時の Δt を求めるには、溶液と同程度の蒸気圧から外挿して求めた純水の沸点を用いるべきである（図6）。すなわち溶液の蒸気圧に応じて、外挿した純水の沸点は 99.88 ℃ ではなくそのつど変化することになる。このようにして補正した Δt を用いて、図5の囲み部分について K_b を再計算してみた（図7）。

　その結果、濃度が 1 mol/kg より大きい溶液では K_b がほぼ0になってしまった。初めの仮説のところで濃い溶液では K_b の値は大きくなると予想したが、意外なことに結果は逆に小さくなり、しかも0になってしまうことが判明した。我々は濃厚溶液において K_b が0になることを初めて検証することができたが、0.5 mol/kg 以下の薄い溶液における K_b はばらつきが大きく、濃い、薄いの境界までは確認できなかった。今後は、1 mol/kg 以下の濃度で数多くの測定を行うことで境界を見つけたい。

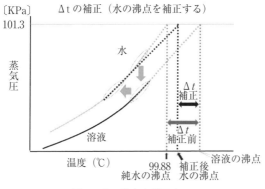

図6　水の沸点を補正する

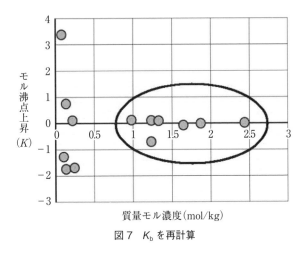

図7　K_b を再計算

2　ヘキサン–ナフタレン

　溶媒としてヘキサンを選んだのは K_b の文献値が 2.78 K と大きく[3]、水より高精度に測定できる可能性があり、また有機溶媒としては圧力センサーの筐体（プラスチック製）への影響が小さいと考えたためである。

　また実験装置にも少し変更を加えた。まずシリコンチューブでは、継ぎ目からヘキサンが漏れてしまったのでフッ素ゴムに変更した。またヘキサンは脱気用コックのグリスを溶かしてしまったので、コックに替えてゴム管をクリップではさんで止めた。

　測定は水の時と同様に、まずヘキサンの蒸気圧から沸点付近（67.5〜68.5℃）の5点を取り、それを直線で近似することで沸点を求めたところ、68.66℃（文献値 68.74℃[3]）であった。

3　ナフタレンのヘキサン溶液

　溶質としてナフタレンを選んだ理由は、ヘキサンに溶ける不揮発性の溶質が見当たらず、ナフタレンでもさほど昇華圧（蒸気圧）は大きくないと考えたからである。しかし、蒸気圧を測定して K_b を求めところ値が小さく、やはりナフタレンの蒸発（昇華）が考えられた。そこで図2の装置でナフタレンの昇華圧を測定し、これを補正することで、ヘキサンの K_b を得た（**図8**）。その結果、ヘキサンでも 1 mol/kg 程度（グラフの囲み部分）

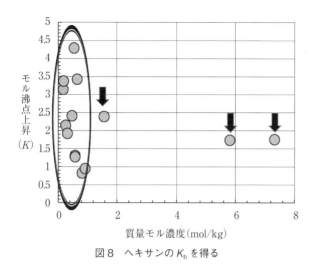

図8　ヘキサンのK_bを得る

までは平均するとK_bは2.3 Kとなり文献値（2.78 K）に近くなった。ただ水溶液の時と同様に、その値のばらつきは大きく、希薄でなくなる時点の見極めはできないが、希薄溶液として扱えると思われる。

　そこでもっと高濃度の溶液で測定してみたが、K_bの値は小さくならない（図8の矢印）。7 mol/kgを超えて、飽和溶液に近くなっても水溶液のようにK_bは0にならず、希薄溶液に近いように思われる。これはナフタレンがヘキサンと同じ炭化水素の無極性分子で、両者の親和性が大きいためであると考えられる。またナフタレンの昇華が測定の誤差になっていることも考えられる。昇華しにくい物質を検索の上、再びチャレンジしたい。

結果と今後の課題

　蒸気圧の測定については、ほぼ満足のいく装置をつくることができた。希薄溶液かどうかの判断に、モル沸点上昇K_bを用いた。その結果、グルコース水溶液では1 mol/kgより濃くなると、K_bの値は0になることがわかり、濃厚溶液の条件が初めてわかった。ただ、薄くなるとばらつきが大

きくなり、希薄と濃厚の境界はわからなかった。

　ナフタレンのヘキサン溶液では、濃厚溶液でも K_b の値は小さくならず、希薄溶液の性質が残っている。

　蒸気圧の測定方法はほぼ確立できたといえるが、結果にはまだ満足できない。さらに改良し、実験回数を増やし、溶液の「濃い」と「薄い」の境界を探りたい。

〔**参考文献**〕

1) 　第41回兵庫県総合文化祭自然科学部門論文集
2) 　http://www.ddbst.com/calculation.html（アントワン式）
3) 　数研出版編集部『フォトサイエンス化学図録』数研出版（2012）

●
努力賞論文

受賞のコメント

受賞者のコメント

一見簡単そうに思えるが繊細な実験

●兵庫県立柏原高等学校　理科部

　3年　大槻紗也

　この研究は先輩たちから引き継いで行ったものである。先輩たちの苦労の上に、今回の成果がある。この実験の目的としては沸点を利用して希薄溶液の限界を求めることである。そして沸点を求めるために蒸気圧を測定したが、装置の作成には苦労した。ほぼ完璧にするまでに1年以上費やした。この実験は手順や方法を見る限り、一見簡単そうに思えるが、実際のところは細やかな事にまで気を配らなければならない繊細な実験である。測定過程でのちょっとした何かが、値の誤差などにつながる。

　私たちは、目的の結論を出せるほどにはデータをとれなかったので、続きを後輩たちに託したいと思う。先輩たち、協力してくれた部員、指導してくださった顧問の先生はじめ関係者すべてに感謝したい。

指導教諭のコメント

生徒たちは先人たちがしてきたのと同じ苦労を経験した

●兵庫県立柏原高等学校　理科部顧問　小西邦和

　理屈は簡単、しかし測定は難しい。蒸気圧の測定はその代表のように思う。自分が教師になりたての頃の数十年前は高精度の温度計や圧力計など、とても高校の現場では買えるようなものではなかった。それが技術の進歩のおかげで、部活動でも使えるようになった。良い時代になったと思う。

　しかし実際に生徒たちが測定するとなると、やはり先人たちがしてきたのと同じ苦労をすることになる。挫折、失敗そして工夫と粘り、生徒たちはそれを味わうことになったが、それが彼らを成長させる力となった。たかが溶液の沸点であるが、測定してみると新しい発見がいくつもあった。自然界にはわかりきったことなどないのだということをこの研究を通して自分自身が強く感じた。

努力賞論文

未来の科学者へ

論文の一連の流れに感心

　どこからが“薄い”溶液なのかという、実に素朴で単純な疑問を、丁寧かつ正確に測定を繰り返すことで解明しようとしていて、とても興味をそそられる内容となっている。ただし、実際の測定はそれほど単純ではなく、装置を密閉したり、断熱材で覆ったりとさまざまな工夫や改良を重ねて、最終的には正確な溶液の蒸気圧（沸点）を導き出している。私がこの論文を読んで特に感心した点は、論文の一連の流れで、まず、単純な疑問から始まり、実際に測定してみて、そこで問題であった測定装置を改良して精度よく測定できるようになった点や、得られた結果からの考察を踏まえてさらに追加実験を行っている点など、単発の実験で終わっていない点は高く評価できるものであると言える。さらに、一連の測定データのとり方、得られた結果や結果に対する考察、考察を踏まえた次の段階の実験と、論文の流れが実にスムーズで、溶媒の蒸気圧補正、溶質の昇華圧の補正など、結果に対する考察の内容や改善の仕方がスマートかつエレガントに展開しており、かなり質の高い論文に仕上がっていると思う。運悪くファーストチョイスとして昇華性物質を溶質に選択してしまったことで、結論が曖昧になってしまった点は非常に悔やまれるところではあるが、この点は今後の課題として、継続して実験を積み重ねたり、後輩達へと引き継いで、これからも続けて取り組んでいってほしいと思う。なお、論文のプレゼンスとしてはコンパクトにまとまっていて大変見やすいが、計算式や計算過程なども記載したほうが、結果の妥当性も判断しやすくなり、あまり詳しくない人にもわかりやすくなると思う。

（神奈川大学工学部　教授　岡田　正弘）

●
努力賞論文

カラメル化の本質に迫る！
（原題）スクロースのカラメル化はどのように進むのか

兵庫県立宝塚北高等学校　化学部
３年　高津 舞衣　丸田 裕介　池田 梓紗
●

本研究におけるカラメルの調製と
クロマトグラフィーの方法

(1) 使用した糖類（polyol）とその略号（以下 [　] 内のように略記）

・二糖（$C_{12}H_{22}O_{11}$）：スクロース [Suc]，マルトース [Mal]，
　トレハロース [Tre]，ラクトース [Lac]

・六炭糖（$C_6H_{12}O_6$）：グルコース [Glc]，マンノース [Man]，
　ガラクトース [Gal]，フルクトース [Fru]，ソルボース [Sor]

・五炭糖（$C_5H_{10}O_5$）：リボース [Rib]

・糖アルコール：ソルビトール（$C_6H_{14}O_6$）[Sot]，キシリトール（$C_5H_{12}O_5$）
　[Xyt]

・フラン化合物：5-ヒドロキシメチルフルフラール（$C_6H_6O_4$）[HMF]

(2) カラメルの作製方法

　(i) 各糖の結晶をアルミカップにのせ、ホットプレートで常温から260
℃まで加熱し、加熱前を⓪として　①約半分が融解した　②完全に融解し
た　③全体的に色がついた　④色が変わらなくなった時にそれぞれで回収
した。

（ii）各糖の結晶をアルミカップにのせ、180℃に予熱したオーブンレンジで180℃で0〜20分間加熱した。

（3）カラメル化の共通産物の分離

Suc, Mal, Tre, Lac, Glc, Fru, Man, Gal の加熱産物の違いを調べるため（2）-（i）の方法で調製した各糖の⓪と③のカラメルを水に溶かし、薄層クロマトグラフィー［TLC］により展開溶媒 $CH_3OH : CHCl_3 = 1 : 9$ で分離し、紫外線ランプで 254 nm の吸収の有無を確認したのち、フェーリング液やジフェニルアミン・アニリン溶液［DPA］[12] で検出した。

（4）カラメル化の共通産物の精製

（2）-（i）の方法で調製したカラメル③をすりつぶし、CH_3OH に溶かしてろ紙でろ過した。ろ液を回収しシリカゲルを用いたカラムクロマトグラフィーにかけ、展開溶媒 $CH_3OH : CHCl_3 = 1 : 19$ の条件で溶出したものをエバポレータで減圧乾燥した。

研究の背景と本研究の概要

糖のカラメル化は糖を単独で加熱した時に起こる褐色化反応である。カラメル化は身近で、以前から多くの研究が行われているが、反応経路の全貌は明らかになっていない[1]。Suc のカラメル化について、2007 年以前の研究により考えられる経路は、Suc を加熱すると Glc と Fru に分解され、それぞれがエンジオール中間体を介して HMF に変化するというものが主流であったが、Quintas らは Suc が分解されて生じた Fru は HMF に変化するが、Glc はほとんど HMF にならず、多くは別の物質になると述べている[1]。しかし、いずれの文献でも 70％以上の濃度の Suc 水溶液が用いられているが、糖のカラメル化は結晶の状態でも起こる反応である。結晶を加熱した際でも Quintas らが提唱した経路で反応が起こるかについて明らかになっていない。

これまで、私たちは本コンクールで焼菓子やホットケーキの色は Suc が加熱により Glc と Fru に分解され、その際に生じた Fru のメイラード反応

によるものであると報告し[2)]、その過程で HMF が生じる可能性が高いと指摘した。また、私たちの先輩は 2018 年に TLC や有機溶媒を使わずに簡単に糖類を判別する方法を発表しているが、その中で糖の種類によってカラメル化の様子が異なることを報告している[3)]。

そこで、本稿では紙面の都合上他の媒体で発表していない実験結果を中心に、Suc から Glc および Fru を介して HMF になる過程と HMF 以後の高分子化について報告する。

1　これまでの研究で明らかになっている事柄

私たちはこれまでの研究で、

① TLC によって Glc よりも Fru や Suc の方がカラメル化しやすい[4)]

②カラメル化による還元性の低下は Suc，Glc，Fru の中で Fru がもっとも起こりやすい[4)]

③ Suc のカラメルから Glc は検出されるが、Fru は検出されない[4)]

④ Suc，Fru，Glc のカラメル水溶液はカラメル化が進行するほど酸性を示す[4)]

⑤糖アルコールは加熱しても褐色化しない[5)]

⑥カラメル化の起こる順番、還元反応、脱水反応が起こる順を比較すると、カラメル化の起こる順と脱水反応の起こる順番は一致するが、還元反応とは一致しない[5)]

⑦ Suc，Mal，Tre，Lac，Glc，Fru，Man，Gal のカラメルからは Rf 値が約 0.5 付近に 254 nm の吸収を持ち、還元性をもつ共通の物質が生じ、Fru、Glc、のカラメルから得た共通物質を精製して ^{1}H - NMR，^{13}C-NMR，赤外分光法で解析したところ HMF であった[5, 6)]

ことなどを本コンクールなどで報告している。

2　転位はほとんど起こっていない

以上のことを踏まえると、加熱によって Suc，Tre に還元性が生じ、Lac のカラメルから Glc と Gal が検出されたことから二糖は融解後に単糖に熱分解していると考えられる。つまり Suc のカラメル化の最初期は Glc、Fru への分解だと考えられる。また Clarke らや Kroh は、HMF は Glc や Fru がロブリー・ド・ブリュインファン・エッケンシュタイン転位によって生

じるエンジオール中間体を介して形成されると報告している[7, 8]。しかし、この転位は塩基性条件下で起こりやすい[9, 10]が、カラメル化によって pH が低下すること[4]から、カラメル化においてこの転位はほとんど起こっていないと考えられる。

3　糖ごとのカラメル化の起こりやすさを比較

また、糖ごとのカラメル化の起こりやすさを比較すると、還元性をもたない Suc と Tre が他の二糖より融解が遅かったこと、糖アルコールがほぼ変色しなかったこと[5]から還元力の強さがカラメル化の起こりやすさに関係していると考えたが、還元反応の起こる順とカラメル化のおこる順が一致せず、濃硫酸による単糖の脱水反応の起こる順が単糖の褐色化の順と一致したため[5]、糖の褐色化は脱水反応の起こりやすさの影響を受けると考えた。

4　カラメル化の起こりやすさ

そこで単糖と糖アルコールのカラメル化による変色のしやすさとそれらの鎖式構造を比較すると、3 位以降が同じ構造である Fru，Glc，Man の変色のしやすさは明確に Fru ＞ Man ＞ Glc となったことから、1 位と 2 位の構造が重要と考えられる。さらに Glc に対して 4 位の構造が異なる Gal，Fru に対して 4 位の構造が異なる Sor を比較すると Fru と Sor が褐色になりやすく、Glc と Gal は褐色になりにくいこと[6]から、4 位はあまり重要でなく、1 位と 2 位の構造が重要と考えた。

さらに Fru，Sor は 2 位にヒドロキシカルボニル基をもつためケトース、Glc，Man，Gal，Rib は 1 位にアルデヒド基をもつためアルドース、Xyt，Sot は 1 位にヒドロキシ基をもつため糖アルコールに分類される。これらの観点で整理すると、カラメル化の起こりやすさはケトース＞アルドース≫糖アルコールであり、加熱の条件を変更しても同様の結果であった。このことから 1 位、2 位の構造がカラメル化の起こりやすさに重要で、カラメル化には 1 位がアルデヒド基か 1、2 位がヒドロキシカルボニル基であることが必要であると考えられる。また、Fru と Sor のカラメルの 282 nm の吸光度や HMF の量は Glc，Gal，Man よりも非常に強い[6]ことは、ケトースはアルドースよりも早くカラメル化が進むことを意味している。つまり HMF のできやすさがカラメル化の起こりやすさに関係していると考え

た。これは過去の報告[1-5]と矛盾しない。

　これらのことから、ケトースから HMF の生成速度を v_1、アルドースから HMF の生成速度を v_2、HMF 以降の反応速度を v_3 と置くと、ケトースはアルドースよりも褐色になりやすいことから、$v_1 \gg v_2 \geqq v_3$ という関係式が成り立つ。しかし、282 nm の吸収の結果[6]からは HMF だけでなくそれ以降の生成物にもみられると考えられる。これはケトースからの HMF の生成速度 v_1 は HMF 以降の反応速度 v_3 よりも大きいため v_3 が律速段階になることから融解後すぐに変色し、アルドースからの HMF の生成速度 v_2 はそれほど大きくないためゆっくりと変色すると考えた。HMF 自身は淡黄色で酸化されると褐色の 2, 5- フランジカルボン酸になることが知られている[11]。Fru は HMF の生成速度がアルドースより大きいためすぐに褐色化し、それ以降の高分子化も早いと考えられる。

5　水はどこから来たものなのか

　次に、高濃度の水溶液の場合 Suc が加熱されると分解されるのは加水分解によって起こるとされているが、本研究では糖の結晶を直接加熱しているため、水は十分にはないはずである。そこで、Suc の分解に使われる水がどこから来たのかを考えた。

　（ⅱ）の方法で調製したカラメルについて、加熱前後の質量差を求めた。また、実際に計測した加熱前後の質量差を実測値、TLC のスポット強度により算出した HMF 量[6]から考えられる HMF の形成で生じる水の質量（HMF 量×水の分子量×3）を理論値として、実測値から理論値を差し引いた値の変化を確認した。

　その結果、質量減少は Fru と Sor は Glc と Gal よりも大きく、Suc はほとんど減少しなかった。実測値と理論値の差は Fru と Glc は正となり Suc は 10 分以後にわずかに負となった（**図 1**）。

　カラメル化が起こる温度は水の沸点を大幅に上回るため[13]、質量減少は糖の結晶水や HMF の形成などで起こる脱水反応によって生じた水の蒸発、二酸化炭素、香気成分の発生が関わっていると考えられるが、単糖は理論値以上に減少しているにもかかわらず Suc はほぼ質量が減少していない。これは質量減少が水の蒸発のみと仮定しても、Suc はカラメル化の系のな

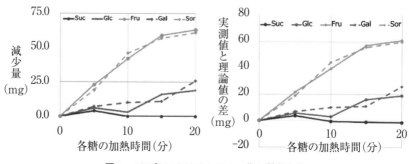

図1　180℃におけるカラメル化と質量変化
（左）実際の質量減少量　（右）実測値と理論値の差

かに水が留まっていると考えられる。TLC より未反応の Suc もカラメル内に残っていること[4,5]から、未反応の Suc の結晶中に水が留まり、Suc から Fru，Glc への分解に使われるのではないかと考えた。このことから、Suc から Fru と Glc への分解はまず Suc のもつ結晶水が使われ、そののちは単糖が HMF を生成する際に起こる脱水反応によって生じた水が Suc の分解に使われているのではないかと考えた。

6　褐色になりやすさは粒径の大きくなりやすさと一致する

　ここまででカラメル化の初期反応で脱水反応により HMF が形成されることで変色することがわかった。HMF は淡黄色である[11]から、カラメルの褐色は別の物質であると考えられる。これまでに Suc，Glc，Fru のカラメル化が進行すると、5 nm 以上の褐色で[4]かつ酸性条件下で電気的に中性、塩基性条件下で負に帯電する親水コロイドであると報告している[5]。そこでカラメル化の進行と粒径の変化を動的光散乱法で解析したところいずれも加熱が進むと粒径の大きい粒子の個数が増え、特に Fru は大きくなりやすいことがわかった[6]。

　これらの結果から、加熱が進むにつれ粒子が大型化し褐色化するが、260℃では Glc は 5 nm 未満（黄褐色）の粒子が生じているのに対し、Fru やそれを生じる Suc からは 5 nm 以上の粒子（濃褐色〜黒色）がみられたことから褐色化、高分子化も Glc よりも Suc や Fru が速いと考えられる。これは Fru は Glc よりも反応が速いこと[5]と矛盾しない。また塩基性条件下で

負に帯電したことから、そのコロイド構造の外側にカルボキシ基をもっているのではないかと考えた。これはカラメル化が進むと pH が下がること[4]と矛盾しない。

さらに HMF の増加が止まっても 282 nm の吸光度が増加することから、カラメルには共役二重結合をもつ物質が含まれていることを踏まえて考える。HMF は脱水反応により 5-メチルフルフラールになり[11]、酸化すると褐色の 2,5-フランジカルボン酸になることが知られている[11]。フルフラールの酸化物である 2-フランカルボン酸も褐色であることが知られている[11]ため、カラメル化によって生じた HMF から 2-フランカルボン酸や 5-メチルフルフラールを経由して高分子の親水性コロイドに変化していると考えた。

結論

以上のことから、Suc のカラメル化反応は次のような経路であると考えた Suc は加熱によって融解とほぼ同時に Glc と Fru に分解される。Fru は脱水反応によって速やかに HMF に変化するが、Glc はごく一部が HMF に変化していると考えた。これは 1 位および 2 位の構造の違いに起因する反応速度の違いによるものである。さらに HMF 以降は HMF が脱水や酸化されることでフラン環とカルボキシ基をもつ物質になり、それらが脱水縮合もしくは会合によりカルボキシ基を表面にもつ親水コロイドとなる。また、さらに脱水反応などが進むことによって、最終的には不溶性の黒色の結晶に変化すると考えた。つまり、Suc のカラメルの色は主に分解で生じた Fru のカラメル化によるものであると考えられる。

今後は HMF 後の反応経路をより詳しく調べるために、カラメルにカルボキシ基が含まれるかを TLC および電気泳動などを利用して解析する予定である。

〔謝　辞〕

本研究を進めるにあたり甲南大学の甲元一也 教授と福岡美海さん、兵庫

県立神戸高等学校の中澤克行先生をはじめとした大学並びに兵庫県下の化学の先生方、本校卒業生の方々に測定および文献の収集、ご助言をいただきました。厚く御礼申し上げます。

〔参考文献〕

1)　Mafalda Quintas et al,「Multiresponse modelling of the caramelisation reaction」, Innovative Food Science & Emerging Technologies（2008）

2)　高津舞衣 他「ホットケーキの色を科学する」第 39 回近畿高等学校総合文化祭自然科学部門要旨集（2019）

3)　水田千尋、新谷美波「糖類を定性的かつ簡単に判別できるか」化学と生物 Vol.56 No.3、日本農芸化学会（2018）

4)　福岡美海、高津舞衣「スクロースのカラメル化はどのようにすすむのか」、2018 信州総文祭 自然科学部門論文集（2018）

5)　高津舞衣 他「糖のカラメル化と還元性に関係はあるのか」第 42 回兵庫県高等学校総合文化祭自然科学部門発表会論文集、p. 化学−6（2019）

6)　高津舞衣「カラメル化に必要な構造を同定する」（2019）JSEC2019

7)　Clarke, M.A. et al,「Sucrose decomposition in aqueous solution、and losses in sugar manufacture and refining」, Advances in Carbohydrate Chemistry and Biochemistry（pp. 441-470）,（1998）

8)　Kroh, L. W.「Caramelisation in food and beverages」Food Chemistry, 51（5）, 373-379,（1995）

9)　鈴木繁男「ブドウ糖工業の現状と今後の方向—特に果糖への異性化と液状糖について—」日本食品工業学会誌 11 巻（1965）2 号 p.68-84

10)　LOBRY de BRUYN, C.A. and ALBERDA van EKENSTEIN, W.: Rec. Trav. Chim., 16, 262（1898）.

11)　Jhon R.Rumble「CRC Handbook of Chemistry and Physics」

12)　長谷川成子「薄層クロマトグラフィーによる 3 種の糖質分析に関する研究」東海学園大学（1970）

13)　Marion Bennien, Barbara scheule「Introductory Foods 13th Edition」p.137（2010）

　　　　　　　　　　　　　　　　　　　　　　　　　　　　　　　他多数

● 努力賞論文

受賞のコメント

受賞者のコメント

絶えず生まれる疑問に
ワクワクしながら立ち向かった

●兵庫県立宝塚北高等学校　化学部

高津舞衣　丸田裕介　池田梓紗

　まずは、3年間行ってきた研究の内容をこのように評価していただき、本に掲載していただけることをとても嬉しく思う。

　研究当初からいろいろな壁にぶつかりながらも思い思いに研究を進めてきた。実験後は流し台で200本以上の試験管を洗いながら、皆で議論したことは良い思い出である。データの分析や仲間との議論のなかで少しずつ未知のことが明らかになる高揚感を味わいながら、一方で絶えず生まれる疑問にワクワクしながら立ち向かうことができた。またこの研究を進めるために顧問の先生方や先輩、後輩、卒業生の皆さん、他校の先生方、大学の方々など、多くの方が手伝ってくださったことも大きな原動力になった。本当にありがとうございました。

指導教諭のコメント

メンバーの表情がみるみる輝いてきた瞬間が忘れられない

●兵庫県立宝塚北高等学校　教諭　木村智志

　本研究は3名の共同研究である。リーダーである高津さんは3年間スクロースを対象とした研究を行ってきたが、決して順調とは言えないものであった。しかし粘り強く続けてきた3年の引退間近に行った実験が当初の仮説と反したデータになり、落ち込みながら1年生時のデータを見返しながら整理している時に、メンバーの表情がみるみる輝いてきたのを覚えている。その直後2年越しにデータが繋がり、より論理的な考察を行ったのが印象的だった。

　科学研究は努力したからといって成果が出るとは限らないが、その様子を見ていた私には彼・彼女らが努力していたからこそ到達できたのだと思う。それを努力賞の評価をいただけたことは大変うれしいことである。

●
努力賞論文

未来の科学者へ

カラメルの味を実験研究にて味わう

　カラメルは美味しい、誰もかもそう思うだろう。確かに、白い砂糖を加熱により溶融させると、固体状態の砂糖は茶色っぽい液状に変化する。それをパンにかけても、フルーツにかけても、あるいは白ごはんにかけても、なんとなくお菓子を作る気分になる。単純だけど、それはカラメルにコートされたお菓子の誕生の物語につながる。当然というべき、白い砂糖を舐めるより、砂糖から変身したカラメルの塊を舐める方がはるかに美味しくて気持ちいい。

　我々は日々現象に遭遇する。現象の裏を科学的に見るのは、その現象を味わう意味では醍醐味となる。高校生の3人組、舞衣・裕介・梓紗の化学部カラメル班は、まさにカラメル化現象を化学的な実験研究で存分に味わったに違いない。というのは、この3人組は、「スクロースのカラメル化はどのように進むのか？構造異性体を用いた比較分析」というタイトルの立派な理科論文を完成させたのだ。

　3人組は、課題を明確に設定し、そのための実験手順と手法を緻密に用意し、目的に辿るための多くの実験データを着々と積み重ね、それらをベースに論理的な考察を展開するのである。論文は理路整然で、一気に読みたくなる文脈で、まさしく理科論文そのものである。

　近頃の大学生の卒業論文を読む際、日本語作文そのものの劣りを考えると、3人組の理科論文は先輩たちを素直に泣かせるレベルの見事の力作だと思わざるを得ない。現役の大学生をなめてしまうような後輩たちの理科論文、もっと広く読まれるようになってほしい、と願う次第である。

（神奈川大学工学部　教授　金　仁華）

努力賞論文

ダンゴムシのフンが持つ抜群の「防カビ能力」

（原題）オカダンゴムシの共生菌による抗カビ物質生産
～ダンゴムシ研究11年目で掴んだ産業的・学術的可能性～

島根県立出雲高等学校
2年　片岡 柾人

研究の背景・目的

　小学1年からダンゴムシを研究している中で、ダンゴムシの飼育ケースにはカビも悪臭も発生しないことに気づいた。小学4年でこのことに注目し、フンと唾液が抜群の防カビ力をもつことまでは突き止めた。

　今回は、フン中で防カビ力を発揮しているであろう微生物に着目した。抗生物質生産菌については多くの報告があるが、ダンゴムシのフンから単離した報告は（少なくとも自分で探すことのできた範囲では）ない。

　そこで、オカダンゴムシのフンからさまざまな常在菌を単離することで、新規性の高い、抗カビ物質生産菌およびそれらが生産する抗カビ物質を発見できるのではないかと考えた。そして、将来的な実用化を見据えた実験も行い、新しい防カビ薬の開発を目指すことにした。

各実験の方法と結果

1 抗カビ物質生産菌の選抜

【実験1.1】フン中の常在微生物の単離

　ダンゴムシのフンから計39株を単離した。単離した菌は、カビ様、細菌様、放線菌様とさまざまで、コロニーの色・形状もさまざまだった。

【実験1.2】防カビ物質生産能スクリーニング

　【実験1.1】で単離した全39株のうち、13の株が防カビ活性を示した。防カビ力の強度はさまざまであった。中でも、H4株（**図1**）は、シャーレ全体にわたって被験カビの成長を完全に抑制した。この抑制範囲の広さに興味を持ち、H4株を研究対象として選んだ。

2 H4株の菌種同定

　肉眼および顕微鏡での形態観察、16SrRNA遺伝子解析、生理性状解析により、H4株は *Brevibacterium sediminis* の可能性が高いことがわかった。

3 H4株が生産する抗カビ物質

【実験3.1】H4株は、カビの発芽を抑制しているか？

「方法」

　【実験3.1】で、H4株によってカビの生育が抑制された各シャーレから、

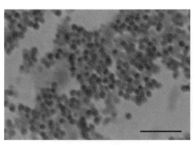

　図1　左：H4株の光学顕微鏡写真。グラム染色をしている。右下の直線が約10 μm
　　　　右：H4株を寒天培地で培養した様子

カビ胞子塗布部を培地ごと切り出し、プレパラートを作成した。作成した
プレパラートを、光学顕微鏡 1000 倍で観察した。

「結果」

　H4 株は、被験カビの発芽を完全に抑制していた。この 2 つの株が作用し
たシャーレは両方とも、被験カビ *Penicillium chrysogenum* および *P. steckii* の胞子から菌糸の伸長は確認されなかった。

　【実験 3.1】で生育阻止帯が非常に広く、培養液が抗カビ活性を示さなか
ったのは、抗カビ物質が培養中に揮発したからではないか？

【実験 3.2】H4 株は、揮発性の抗カビ物質を生産するか？

「方法」

①培地内で物質が移動しないよう、中央で左右に分断した培地の片側に H4
　株を培養。

②反対側に被験カビを塗布し、27 ℃で 3 日間培養。

③カビの面積を測定した。

コントロール：手順①で H4 株を培養せず、同じ操作を行った。

「結果」

　H4 株を塗布したものは、コントロールに比べて被験カビの面積が有意に
小さかった（図 2）。

【実験 3.3】H4 株の生産物質は、カビの胞子の成長を抑制しているか？　死
　　　　　　滅させたか？

「方法」

① H4 株を、寒天培地に 24 時間培養した。

②被験カビ（*P. steckii*）の胞子を PDA 培地に 3 点植えた。これを上側に、
　①を下側にして向かい合わせて静かに重ね合わせ、ビニールテープで密
　封。（図 3）

③ 27 ℃で 72 時間培養後、H4 株培養プレートを取り外し、さらに 96 時間
　培養した。この間、24 時間毎に、被験カビのコロニーの面積を測定した。

コントロール：手順①で H4 株が入っていない LB 培地を塗布し、同じ操
　　　　　　　作を行った。

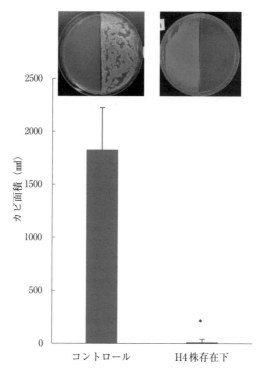

図2　H4株による揮発性の抗カビ効果
　　　写真は実験終了時のシャーレで、それぞれの右側にカビが、「H4存在下」の左側
　　　にはH4株が培養されている。　　　　　　　　　　　　　　*：p<0.05（t検定）

図3　実験3.3・3.4で、培地を重ねた状態の断面図

「結果」

　コントロール（未処理群）は被験カビのコロニーが順調に生育した。

　H4株を作用させたカビ（H4処理群）は、H4株取り外し後1日間発芽し

なかった。翌5日目には若干カビ胞子が発芽したものの、それ以降はほとんど成長しなかった。また、正常なコロニーは発芽してから約2日後には胞子を生産するようになるのに対し、H4株を作用させると、面積の拡大はほとんどなく、また、コロニーは非常に硬く、菌糸が密に固まったような状態で、胞子生産はなく、培地から容易に剥がすことができた（**図4**）。

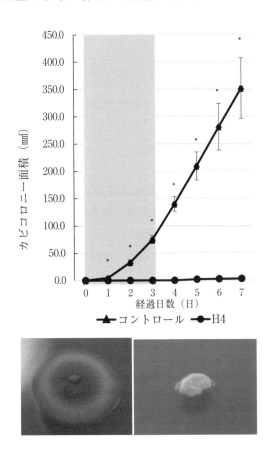

図4
　　上：被験カビの発芽前にH4株を作用させた時の、被験カビのコロニーの面積の推移
　　　　網掛けは、H4株を重ね合わせていた期間を表している
　　　　＊：p＜0.05（各日ごとの二群間のt検定）
　　左下：通常のカビの発芽後3日目のコロニー
　　右下：H4処理群の発芽後3日目のコロニー

【実験 3.4】H4 株生産物質は、すでに成長してしまったカビでも抑制する
　　　　　　か？

「方法」

① H4 株について、実験 9 手順①と同様に培養した。

②被験カビ（*P. steckii*）胞子を PDA 培地に 3 点ずつ植え、27℃で 72 時間
　培養した。

③培養終了後、②と①を図 3 のように静かに重ね合わせ、ビニールテープ
　で密封。27℃でさらに 72 時間培養した。

④①を取り外し、27℃でさらに 72 時間培養した。

　②〜④の間、24 時間毎にコロニー面積を測定した。

コントロール：手順①で寒天培地に H4 株が入っていない LB 培地を塗布
　　　　　　　　し、同じ操作を行った。

「結果」

　コントロール（未処理群）は、被験カビのコロニーが順調に成長した。
H4 処理群は、被験カビが最初 3 日間でコロニーを形成、胞子を生産した。
H4 株を作用させると、被験カビは徐々に成長が減速し、6 日目にはほとん
ど成長が止まった。H4 株を取り外すと、被験カビは成長を再開した。しか
し、9 日目に表面を観察すると、中心付近が白く大きく盛り上がり、コロ
ニーの縁の近くに残った緑色の部分も白みがかっており、正常なコロニー
の状態ではなくなっていた（図 5）。

4　H4 株とダンゴムシの共生関係

【実験 4.1】H4 株はダンゴムシのフンに常に存在するか？

「方法」

① H4 株を含む *Brevibacterium* 属の一部の菌の 16S rDNA 内に特異的に結
　合するプライマーセット：Brevibacterium F と Brevibacterium R（タ
　ーゲット配列長：478 bp）を作成した。

②【実験 1】を行ってから約 1 年後の 2019 年 8 月 6 日に、①自宅庭から採
　取　②出雲高校地内から採取　③自宅庭から採取し、出雲高校地内の土を
　入れたケースで飼育　の 3 条件のオカダンゴムシについて、【実験 1】と
　同様の方法でフンを採取した。

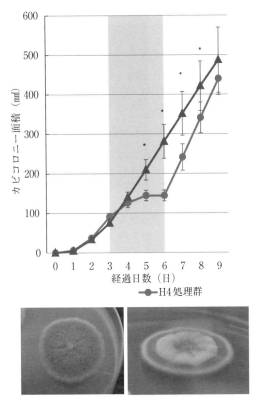

図5
　上：被験カビのコロニー成長後に H4 株を作用させた時の、被験カビのコロニーの面
　　　積の推移
　　　網掛けは、H4 株を重ね合わせていた期間を表している
　　　＊：p ＜ 0.05（各日ごとの二群間の t 検定）
　左下：通常のカビのコロニー
　右下：成長途中に H4 株の作用を受けたカビのコロニー

③採取したフンから DNA を抽出・精製し、16S rDNA 領域を、PCR で増
　幅した。
④ ③で得られた PCR 産物を①で作成した特異的プライマーを使用して
　PCR 増幅した。
⑤ ④で得られた PCR 産物を、電気泳動を行い、478 bp の DNA が増幅さ

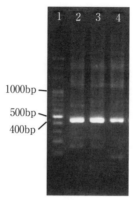

図6　実験 11 特異的プライマーを用いた PCR 産物
のアガロースゲル電気泳動
1．DNA ラダーマーカー　2．自宅庭で採取
3．出雲高校地内で採取
4．自宅庭で採取し、出雲高校地内の土で飼育

れているか確認した。

「結果」

3 条件のオカダンゴムシのフンからはいずれも、478bp の DNA 増幅が確認された（図6）。

考　察

オカダンゴムシのフンにはさまざまな菌が含まれており、その中にはカビの生育を抑制する働きを持つ種が複数存在している。

そのうち、*Brevibacteirum* 属菌の H4 株については、

① 【実験 3.2】で、培地中を物質が移動できない条件で抗カビ効果を示したことから、揮発性の抗カビ物質を生産しているといえる。

② 【実験 3.3】および【実験 3.4】の結果から、H4 株が生産する物質は、カビが発芽前でも、すでに成長していても、抑制効果があるとわかった。

③ 【実験 3.3】および【実験 3.4】で、H4 株の作用を中断した後にカビの

コロニー性状に異常が見られたことから、H4 株が生産する物質は、カビの形質にその影響が残るといえる。

④【実験 1.1】で最初に H4 株を単離してから約 1 年後に、【実験 4.1】で H4 株がフンから検出されたことから、H4 株は出雲市内の自宅庭や、出雲高校地内に生息するダンゴムシのフンに、安定的に存在していると考えられる。

今後の課題・展望

今回は、PDA 培地、ブイヨン培地、ハートインヒュージョン培地の 3 つを使用してフンから菌を単離したが、他の培地を使用すればさらに他の菌を単離できる可能性がある。

H4 株（*Brevibacterium* sp.）については、

①【実験 3.3・3.4】で、カビの成長を「抑える」ことはできるとわかったが、物質の濃度を上げたり、H4 を重ね合わせる期間を延ばしたりすることで完全に「殺菌」することまで可能かどうか今後確認したい。しかし、揮発性の物質の濃度をコントロールすることは容易ではない。

② H4 株が単離されてから 1 年後に再び検出できたことは、H4 株（*Brevibacterium* sp.）とダンゴムシとの何らかの共生関係を示唆するものと考えられる。H4 株は、*B. sediminis* の可能性が高いとわかったが、この種に関しては出品論文執筆時点では先行論文が 1 件のみで、その論文ではインド洋の深海から単離したと書かれている（Ping Chen ら 2016 年）。このことと、H4 株がオカダンゴムシのフンにいることとの関係は、追求していくと学術的価値があるかもしれない。

今回、H4 株生産物質は、カビがすでに成長してしまってからでも効果を発揮することが確認できた。これは将来、予防的に使うだけでなく、医療分野での治療薬としての利用や、生活の中ですでに生えてしまったカビの除去など、工業的な利用についても期待が高まった。今後も研究を進め実用化につなげたい。

〔参考文献〕

1) A. S. Motta & A. Brandelli「Characterization of an antibacterial peptide produced by *Brevibacterium linens*, Journal of Applied Microbiology, Vol.92 No.1, pp.63-70」(2002),

2) C. Ota-Tsuzuki, A. T. P. Brunheira & M. P. A. Mayer「16S rRNA region based PCR protocol for identification and subtyping of *Parvimonas micra*, Braz J Microbiol, Vol.39 No.4, pp.605-607」(2008)

3) Ping Chen, Limin Zhang, Jian Wang, Jisheng Ruan, Xiqiu Han & Ying Huang「*Brevibacterium sediminis* sp. nov., isolated from deep-sea sediments from the Carlaberg and Southwest Indian Ridges, International Journal of Systematic and Evolutionary Microbiology, Vol.66 No.12, pp.5268–5274」(2016),

4) Y.Kanda & Bone Marrow「Investigation of the freely-available easy-to-use software "EZR"(Easy R) for medical statistics. Transplantaion, Vol.48 pp.452-458」(2013)

5) 新井守、岡崎浩「微生物のスクリーニング法Ⅰ－Ⅰ抗生物質及び生理活性物質」『化学と生物』Vol.5 No.5 pp.294-303 」(1967).

6) 乙黒美彩、中島琢自、宮道慎二「放線菌の分離と抗生物質の探索」『生物工学会誌』Vol.90 No.8 pp.493–498」(2012)

7) 陰山大輔「ワラジムシ目の体内に生息する共生微生物の多様性と機能」『Edaphologia』Vol.95 pp.7-14」(2014).

8) 小西正朗、堀内淳一「細胞の増殖を捉える―計測法から比速度算出まで―」『生物工学会誌』Vol.93 No.3 pp.149-152」(2015)

●
努力賞論文

受賞のコメント

受賞者のコメント

島根大学の研修で飛躍することができた
●島根県立出雲高等学校　片岡柾人

　小学1年生でダンゴムシの自由研究を始め、小学4年の時に飼育ケースにカビが生えにくいと気づいたという小さなきっかけが、高校での研究につながり、この論文をまとめることができた。

　高校に入学し、恵まれた環境で研究に没頭するようになったが、研究の進展とともに専門的な内容が多くなり、自分の知識や技術の不足を感じるようになった。そんな時、春休みと夏休みに島根大学の研究室で研修をする機会を得た。そこでは、基本的な実験の進め方はもちろん、手法から便利な小技に至るまで、たくさんの専門的な知識・技術を得ることができ、以後の研究を飛躍的に発展させることができた。この研究に協力してくださったたくさんの方々に感謝したい。

指導教諭のコメント

生徒のたゆまぬ努力の結晶
●島根県立出雲高等学校　教諭　佐藤愛里

　本研究については、本校生徒が小学生の頃から研究に取り組んできた成果をまとめたものである。高校に入学してからは、日々、自然科学部の活動の中で研究を行ってきた。毎日、試行錯誤をしながら実験を進め、着実に前進していった。また、総文祭や学会の高校生ポスター発表への参加、長期休業中においては島根大学でご教授いただきながらの実験などを通じ、多くの場においてご助言をいただいたことが支えになり、今に繋がっているのだろう。本人のたゆまぬ努力の結晶であることは間違いない。今後ますます本研究が発展していくことを願っている。

努力賞論文

未来の科学者へ

著者には科学者の優れた資質がある

　本論文は、著者の小学生時代の興味に端を発する息の長い研究で、著者の傑出した研究意欲と高校入学後の恵まれた研究環境、またその二つが出会えた幸運、などから生まれた誠に素晴らしい作品である。であるから、評者がここに書くべきことはこの論文が「いかに優れているか」ではなく、これほどのものが「なぜ大賞・優秀賞受賞に至らなかったのか」であろう。

　評者は審査の全過程をつぶさに知るわけではないが、この論文の最大の問題点は間違いなく形式である。著者はおそらく学術論文の正式な構成を知らない。読みやすいように趣向を凝らしたのは痛いほどわかるが、「理科論文大賞」と銘打つコンテストに出品するからには独りよがりの工夫では如何ともしがたい。具体的に挙げれば、まず結果の提示方法で、「各実験の方法と結果」として実験順に並べたのでは実験ノートの清書の域を出ない。また考察が箇条書きだが、箇条書きはまとめとして提示するためのもので、考察本体が箇条書きから成ってはいけない。これらはいずれも本学理学部1年生の学生実験レポートにもよくみられる、初心者が犯しがちな典型的な過ちで、この著者がちゃんと学べばすぐに改善できるであろう。

　評者の見解では、実験4の遺伝子解析を結果に含めたのも評価を下げた一因である可能性が高い。同じ論文中の他の実験に比べると、より高度で複雑であるはずのこの実験の方法説明はきわめて簡素で、著者の積極的な関与が疑わしい。「背景・目的」や「考察」にも菌類の系統解析への著者の強い興味が伺える記述はない。ならば実験4は結果の本体に含めずに、考察で参考程度に触れるだけでよかった。

　とは言え、著者には科学者としての優れた資質が備わっていることは明らかである。今後一層精進して、一流の科学者を目指してもらいたい。

（神奈川大学理学部　教授　小谷 享）

なお、本誌に収録された当該論文はリライト版で、審査対象論文とは細部が異なることをお断りしておく。特に実験4は全面的に削除されている。

努力賞論文

色素を長持ちさせられる
太陽電池の開発
（原題）ローダミンBの赤い太陽電池
〜新しい太陽電池色素の合成〜

島根県立浜田高等学校　太陽電池チーム
理数科１年　木村 香佑
理数科２年　大屋 涼香　白川 柚奈　中野 愛美　古田 理聖

研究の目的

　近年、色素増感型太陽電池は、色素や導電性材料の開発・改良が進んではいるが、電解液に注目した研究は少ない。今までの研究は、主に電解液にヨウ素液を使ってきた。ヨウ素電解液は腐食性が大きいため、化学的に安定な材料を使わなくてはならない制約があった。そのため、ヨウ素溶液以外の電解液を使うことで効果的な材料の組み合わせを選択できる色素増感型太陽電池を作りたいと考えた（図1）。

　本研究の特徴は次のとおりである。

①腐食性が大きいヨウ素溶液の代わりにキノン構造をもつ化合物が太陽電池の電解液に使えることが世界で初めて確認できた。新しい電解液の発見により、今まで色素増感型太陽電池に使うことができなかった素材を利用できることや、色素を長持ちさせて電池の持続時間を長くすることが期待できる。

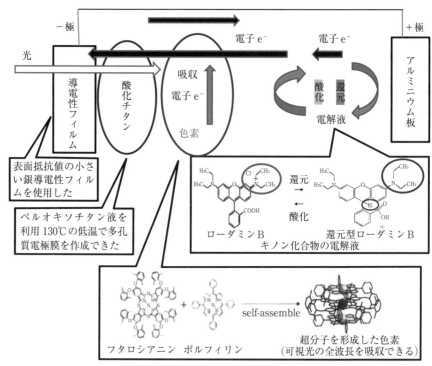

図1　材料の組み合わせを選択できる色素増感型太陽電池

②導電性ガラスの代わりに導電性フィルムを使った。腐食性の大きいヨウ
　素溶液を使わなくて済むことで、酸化されやすいが表面抵抗の小さい銀
　導電性フィルムを使うことが可能になった。

③導電性フィルムは熱に弱いことが問題であった。しかし酸化チタンペー
　ストの作成にペルオキソチタン液を使うことで130℃の低温で多孔質膜
　を作成することが可能になった。

④特定のフタロシアニンとポルフィリンを混ぜると溶液中で超分子を形成
　することがわかっている。亜鉛を配位させたポルフィリンを使って作っ
　た超分子の色素では発生電位（電圧）600 mV の太陽電池がつくられて
　いる。今回はマグネシウムを配位させたポルフィリンで超分子太陽電池
　色素を作成した。

実験方法

1　色素増感型太陽電池について

　【実験1】は、Ag導電性フィルムとアルミニウム板を貼り合わせた「貼り合わせ型」、【実験2】は紫外線硬化樹脂でセルを作った「セル型」で測定を行った（図2）。

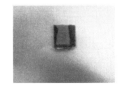

実験1　貼り合わせ型太陽電池　　　実験2　セル型太陽電池　凹式　　　　　密閉式

図2　色素増感型湿式太陽電池の種類

2　超分子太陽電池の色素の合成方法

(1) テトラフェニルポルフィリン（TPP）、塩化マグネシウム六水和物、ジメチルホルムアミド（DMF）を加え、約130℃で5時間加熱する。

(2) 塩酸、クロロホルムを加えてよく振り混ぜ、分液する。クロロホルム層を回収する。

(3) ロータリーエバポレーターでクロロホルムを除く。

(4) 残った液体を、中性アルミナのカラムクロマトグラフィーで精製する。

(5) ベンゼンを流すと未反応のMg TPPが流出し、次に酢酸エチルを流す

図3　Mg TPP の合成方法

と Mg TPP が流出する。

(6)　Mg TPP が含まれる溶液からロータリーエバポレーターで溶媒を除く（**図3**）。

(7)　同濃度・同体積のフタロシアニン化合物（SK-121）とポルフィリン化合物（Mg TPP）を混ぜ合わせると超分子が形成される。

3　導電性フィルムについて

(1)　色素増感型太陽電池を作るうえで導電性フィルムの抵抗値が小さいほど、生じる電流・電圧の値は大きくなる。銀導電性フィルムは加熱後の表面抵抗値の増加の割合が小さいことが利点である。

(2)　Ag 極細ワイヤーフィルムは針状のワイヤーをインクに混ぜて基盤に塗布・印刷したものである。Ag 極細ワイヤーフィルムは表面の銀の量が少ないため表面の銀は安定しており腐食されにくい。表面抵抗値は 100 Ω で、130℃ で 1 時間加熱後も抵抗値に変化はなかった。

4　電解液について

　キノンは、一般的にはベンゼン環から誘導され、2つのケトン構造をもつ環状の有機化合物の総称である。ケトン構造の部分が酸化還元されやすい性質をもつ。ローダミンBも広い意味でのキノン構造をもつ。

　ローダミンBは次のように還元される。導電膜から電子は＋極に移動しローダミンBを還元型ローダミンBにする。還元型ローダミンBは電子を放出した色素によって酸化され、ローダミンBになる。

実験結果と考察

1　紫外線可視光分光光度計（吸収スペクトルによる超分子の確認）

　紫外線可視光分光光度計の吸収スペクトルより SK-121 は 550 nm 付近の波長の光を吸収できないため、緑色に見える。Mg TPP は 700 nm 付近の波長の光を吸収できないため、わずかに赤色に見える。SK-121 ＋ Mg TPP はほとんどの光を吸収するため黒色に見える。SK-121 ＋ Mg TPP のスペクトルは 700 nm 付近の長波長側に新たな吸収スペクトルができているため、

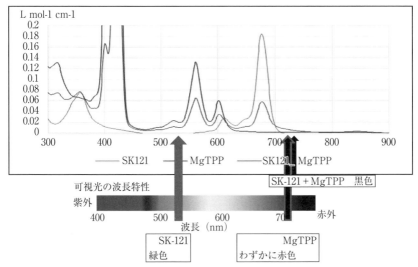

図4　紫外線可視光分光光度計の吸収スペクトル

超分子が形成されていると考えられる（**図4**）。

　ポルフィリンのフェニル基（ベンゼン環）とフタロシアニンのフェニル基（ベンゼン環）を結合するのは、有機化合物分子の芳香環の間に働く分散力（ロンドン分散力）である。2つの芳香環がコインを積み重ねたような配置で安定化する。特定のフタロシアニンやポルフィリンはπ共役に由来する相互作用、あるいは軸配位子による錯形成によって多彩な超分子を形成することができる。

【実験1】「張り合わせ型」太陽電池の測定

　最初の1時間で電解液が乾くまでに測定した電圧の平均値である（**表1**）。約1時間で電解液が乾くため、電圧は低下する。その後電解液を補充すると、少し時間がたってから電圧は大きく増加した。SK-121＋Mg TPPの最

表1　「貼り合わせ型」太陽電池　最初の1時間の電圧の平均値

電解液	塩基性ローダミンB	塩基性ローダミンB	塩基性ローダミンB
色　素	SK-121	SK-121＋ZnTPP	SK-121＋MgTPP
電圧（mV）	759.0	883.0	974.0

表2　「貼り合わせ型」太陽電池　電解液を補充後　30 分間の電圧の平均値

電解液	塩基性ローダミン B	塩基性ローダミン B	塩基性ローダミン B
色　素	SK-121	SK-121 + ZnTPP	SK-121 + MgTPP
電圧（mV）	1027.0	1056.0	1120.0

大測定電圧は 1.25 V だった。実験を続けると電解液は乾きやすくなる。ローダミン B は有機化合物のため光が当ってから時間が経つと、さらに反応速度や活性化が大きくなる（**表2**）。

【実験2】「セル型凹式」太陽電池の測定

　導電性フィルム＋アルミニウム板は 2.5 cm×2.5 cm「セル型凹式」の電圧の時間変化を測定した。SK-121 + Mg TPP の最大測定電圧は 1.02 V だった。平均測定電圧は「貼り合わせ型」太陽電池の約 85 % だった。電解液を補充すれば、1 週間以上電圧を維持できた（**表3**）。

表3　「セル型凹式」太陽電池　1 週間の電圧の平均値

電解液	塩基性ローダミン B
色素	SK-121 + MgTPP
電圧（mV）	822.0

①ローダミン B は食品の染色に主に使われている化合物である。ローダミン B 電解液を使った研究は他にない。

②電圧の大きさは SK-121 + MgTPP ＞ SK-121 + ZnTPP ＞ SK-121 であった。SK-121 は中心に Zn を配位している。SK-121 + ZnTPP は同じ金属 Zn をつかっているが、SK-121 + MgTPP は異なる金属 Zn と Mg を使っている。超分子ではポルフィリン側からフタロシアニン側に電子が移動することがわかっている。標準電極電位が異なる 2 つの金属を使うことで 2 つの分子の間の電子の移動がしやすくなることでさらに大きな起電力が生じた。

③色素増感型太陽電池の発生電位は主に酸化チタンのフェルミ準位と電解液の酸化還元電位の差が関係する。ヨウ素電解液の場合は負極（酸化チタンフェルミ準位）：－0.7 V、正極（ヨウ素の酸化還元電位）：＋0.2 V な

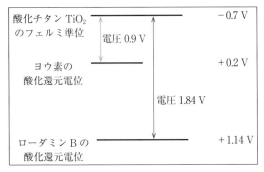

図5　色素増感型太陽電池の発生電位

ので理論値で最大 0.9 V の電圧が発生する。ローダミン B 電解液の場合は
負極（酸化チタンフェルミ準位）： − 0.7 V、正極（ローダミン B の酸化還
元電位）： + 1.14 V なので理論値で最大 1.84 V の電圧が発生する（図5）。
起電力が 1.2 V 以上の色素増感型太陽電池はローダミン B 電解液を使わ
なければ作れない。

2　今後の課題

　有機化合物であるローダミン B の電解液としての働きや反応はまだわか
っていないこと多い。引き続きその解明についての研究を行っていきたい。

〔謝　辞〕

　太陽電池の色素の合成や分析にご助力をいただいた島根産業技術センタ
ー浜田技術センターの松林和彦主任研究員、島根大学総合理工学部の白鳥
英雄助教、電解液の反応についてご助言をいただいた島根大学総合理工学
部の半田 真教授、西垣内 寛教授、超分子形成の分析に協力していただい
た大阪市立大学の藤井律子准教授、ペルオキソチタン液の情報をいただい
た佐賀県窯業技術センターの皆様、導電性フィルムを提供していただいた
TDK(株)、大日本印刷(株)にこの場を借りてお礼を申し上げます。ありが
とうございました。

〔参考文献〕

1) 松林和彦、兒玉由貴子、田中孝一、山本裕、赤澤雅子「フタロシアニン―ポルフィリンを用いた色素増感型太陽電池 No.52」P.1-8 島根県産業技術センター研究報告（2016）

2) 藤田眞作「キノン類の還元剤　N,N−ジエチルヒドロキシルアミンを中心として」有機化学合成第 37 巻第 11 号（1979）

3) 野村美沙登、小野裕輝、佐藤亜樹、長南幸安「教材化を指向したポルフィリン錯体合成」弘前大学教育学部紀要第 101 号 61〜64 項

4) 釘島裕洋、一ノ瀬弘道「太陽電池電極と光触媒用酸化チタンの開発　ペルオキソチタン液を用いて作成した DSSC 電極の特性」佐賀県窯業技術センター平成 26 年度研究報告書

●
努力賞論文

受賞のコメント

受賞者のコメント

有機化合物の合成は料理と同じ
●島根県立浜田高等学校

太陽電池チーム

　この太陽電池の研究は自然科学部の1年木村と理数科課題研究の2年大家・白川・中野・古田の5名で行っている。この電池で使う色素はフタロシアニンとポルフィリンという2つの化合物からできている。ポルフィリンは自然界ではクロロフィルやヘモグロビンの骨格となっている物質である。島根大学での実習でポルフィリンの合成を教えていただいたが、その時、有機化合物の合成は料理と同じだと習った。有機化合物の合成では100％目的の物質ができることはなく、同じ材料、同じ方法で合成しても、わずかな条件の違いで主生成物の収率が変わったり、いくつもの副生成物ができたりすることを学んだ。今も何度も合成の実験を行ってその腕前を磨いている。

指導教諭のコメント

実験の失敗は答えを見つけるために必要なステップ
●島根県立浜田高等学校　教諭　福満　晋

　大学入試の問題にはどんなに難しくても必ず答えがある。高校での学習の目的の1つはその答えになるべく早く効率的に正確にたどり着くことである。その弊害として高校生は間違えること、無駄なことをすることを極端に嫌うようになった。そのため自分の研究の結果もインターネットで検索して得ようとする。

　しかし本来、自分の研究は自分が見つけるまで答えはない。またそれを探求するための実験がいつもうまくいくとは限らない。うまくいかない結果は失敗ではなく、答えを見つけるために必要な積み重ねなのだ。そのうまくいかない実験の1つひとつが、次の段階でブレークスルーを生み出すために必要である。そのことを高校時代の研究を通じてわかってくれたらと思う。

●
努力賞論文

未来の科学者へ

テーマ設定に先見性と開発意欲を感じた

　私たちの未来は太陽からのエネルギーをどれだけクリーンに得ることができるかにかかっているといっても過言ではない。そのことから高校生がこれらに興味を持って、研究を行ってくれることが研究の裾野を広げ、技術の発達に大きく寄与すると考える。また、高校生が手に入れられるような安価な材料で作製ができれば、開発された太陽電池の世の中への波及も進むだろう。このことから、まず、スタートのテーマ設定において先見性と開発意欲を感じた。次にこれまでの研究がどこまで進んでいて、何をしなければならないのか、自分たちは何をどのように解決していくのかについてのディテールの設定だが、太陽電池内の個々の部分において改善点を明確にし、研究のスタートを切っているところが印象に残った。電池反応は、連続した電子移動反応によって構成されているので、どこか一部を改良してもこれまで以上の結果は得られないことを十分に理解し、複合的に改良を加えることが必要であることを認識しながら研究を進めているところに高校生とは思えない研究に対する深い考察力が読み取れる。以上のことができているのは、研究と同時に多くの文献を読み、研究者からの話を聞いて、いろいろ考え、工夫して研究を進めて行ったことが想像される。私は、研究を進めると同時に自分たちがどのような位置にあるかを常に考えながら研究を行うことが、研究を進めるためには必要であると日頃考えており、常にいろいろな情報を見て考えをめぐらすことが必要であると考えている。この点がこの研究論文から感じ取れ、評価した点だ。想像するにまだまだアイデアがありそうで、今回の結果でも電池の性能が低下してしまう問題がまだ残る。後輩の方々が引き続き高校生らしいアイデアで研究を続け、高校生の理科論文コンテストの論文ではなく、学術誌に論文が投稿できるほどの結果を目指した努力を期待したい。

（神奈川大学工学部　教授　松本　太）

努力賞論文

枝の水分状態を非破壊で測定する
（原題）果樹栽培における水分ストレスの非破壊測定法に関する研究

広島県立西条農業高等学校　園芸科　樹体内水分測定班
３年　今村 花奈子　児玉 悠泰　太良坊 航　福島 翼　松友 洋樹

本研究の目的

　樹木の内部水分評価を非破壊で、十分に測定できる方法は数少ない。

　そこで本研究では、多くの果樹が果実を枝に着生させること、また樹体内水分含量と果実品質は密接な関係があること、茎の水ポテンシャルは葉の水ポテンシャルに比べて水分状態を高感度に示す（Choné *et al.* 2001; Patakas et al. 2005）ことに着目し、枝の水分状態を測定できないかと考えた。

　本研究では、枝の曲げ振動を用い、非破壊で直径の細い木棒およびブドウ枝を伝わる振動から得られた共振振動数の変化をモニターし、内部の水分情報を推定できるか検証した。

　振動測定法とは別に、木材のたわみに着目し、非破壊で直径の細い木棒およびブドウ枝のたわみやすさ（たわみ量を一定にするために必要な力[N]）の経時変化を測定し、別の視点からも内部の水分情報を推定できるか検証した。

測定装置の改良と測定手順

1　小型振動測定装置の改良と測定手順【実験1～3】

　加振器は振動スピーカー（CANDY MUSIC, HOME RAY TECHNOLOGY Co., Ltd）を改造したものを使用した。振動を点で与えられるようプラスチック製の半球（直径6 mm）の部品を加振部分に取り付けた。また、加振器を枝に固定するための器具として洗濯物用の竿ピンチを改良したものを使用した。固定器具には、できるだけはさむ力の影響をなくすために、枝と加振器あるいは受振器の間に厚さ10 mmのスポンジゴム（NRS-08, Wakisangyo Co, Ltd）を取り付けた。

　小型振動測定装置による測定の基本的なダイアグラムを**図1**に示した。以降、いずれの測定も次の①～④の方法を基本として、供試材料に振動を与え、スペクトルピークと位相情報を得た。

①加振器を枝に取り付ける。

②ノート型コンピュータから制御した音響振動（スイープサイン波100 Hz ～ 4000 Hz）を加振器（音響スピーカー）に伝える。振動時間は供試材

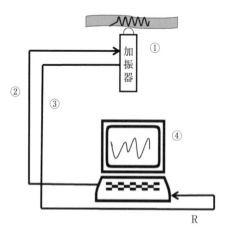

図1　振動測定法の基本的なダイアグラム

料によって異なる（10秒～15秒）。

③加振器の振動が枝に与えられ、その時加振した振動を加振スピーカーに
　取り付けた圧電素子を通してRチャンネルにモニター信号としてコンピ
　ュータに取り込む。

④コンピュータに取り込んだ信号を振動解析ソフト（AVA Co. Ltd）を用
　いてフーリエ解析し、スペクトルピークと位相情報を得る。

2　たわみ測定装置と測定手順【実験4、5】

　たわみ測定装置は、手動計測スタンド（IMADA Co. Ltd）にデジタルフ
ォースゲージ（AIKOH）を取り付けたものを使用した（**図2**）。

　次の①～④の方法を基本として、供試材料に垂直方向に力を与え、たわ
み量を一定に保つために必要な力［N］の情報を得た。

①デジタルフォースゲージをスタンドに取り付ける。

②材料を水平方向に2点で支持する。

③スタンドに取り付けてあるレバーを下方に動かし、木棒の中間点にセン
　サーをあて、垂直方向に力を与える（その時のたわみ量［mm］は一定
　となるようセットする）。

④その時に与えた力［N（ニュートン）］を読み取る。

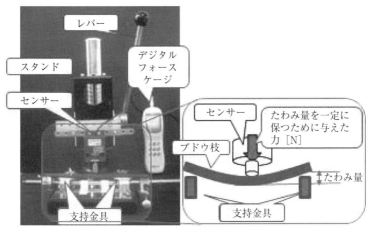

図2　たわみ測定法の概略

材料および測定方法

1 振動測定による木棒内部の水分変化の推定【実験1】

　直径8mm、長さ250mmに切断した円柱状の木棒3本を用いた。そのうち1本は吸水させずにそのままのもの（木棒A）、2本は吸水させたもの（木棒B、C）を用意した。吸水させていない木棒Aおよび吸水させた木棒Bの振動測定と吸水させた木棒C（木棒Bとほとんど同じ形状、重さ）の重量測定を行った。測定は1～2時間間隔で行い、測定場所はデジタル温湿計（T＆D社製）を加振器付近にセットし、気温、湿度が一定の条件になるよう室内大気の調整を行った。

2 振動測定によるブドウ枝内部の水分変化の推定【実験2】

　直径10mm程度、長さ250mm程度に切り取ったブドウ枝3本を用いた。そのうち1本は吸水せずにそのままのもの（ブドウ枝A）もう2本は吸水させたもの（ブドウ枝B、C）、を用意した。測定は、木棒と同じ方法で実施した。

3 5本同時振動測定による木棒内部の水分変化の推定【実験3】

　直径8mm、長さ250mmに切断した円形状の木棒を5本用いた。木棒を5本同時に測定するための固定板を木の板で自作した。20分間隔で5本同時刻に測定を行い、その経時変化を追った。

4 木棒を用いたたわみ測定法【実験4】

　直径8mm、長さ250mm、に切断した円柱形の木棒を1本使用した。

5 ブドウ枝を用いたたわみ測定法【実験5】

　直径10mm、長さ250mm程度に切断した円形のブドウ枝を1本使用した。測定法は木棒と同様の方法で行った。

結　果

1　振動測定による木棒内部の水分変化の推定【実験 1】

　吸水させていない木棒Aの共振振動数は、時間が経過してもほぼ変化が
なかった。一方、吸水させた木棒Bの共振振動数の変化は、いずれも内部
の水分の減少にともなって増加した。また、木棒Bと同時に吸水させた木
棒Cの重量と木棒Bの共振振動数との相関は、いずれも高い負の相関
（-0.993）があることが認められた。

2　振動測定によるブドウ枝内部の水分変化の推定【実験 2】

　吸水させていないブドウ枝Aの共振振動数は、時間が経過してもほぼ変
化がなかった。一方、吸水させたブドウ枝Bの共振振動数の変化は、いず
れも内部の水分の減少にともなって増加した（図3）。また、ブドウ枝Bと
同時に吸水させたブドウ枝Cの重量とブドウ枝Bの共振振動数との相関
は、いずれも高い負の相関（-0.986）があることが認められた。

3　5本同時振動測定による木棒内部の水分変化の推定【実験 3】

　吸水させていない木の棒は時間が経過してもほぼ変化がなく、共振振動
数の値が横ばいだった。一方、吸水をさせた木の棒は時間の経過とともに、
共振振動数の値が少しずつ増加する傾向が見られた。各木棒の測定開始時
と終了時の共振振動数の差を求め、木棒5本分の共振振動数差の平均値を

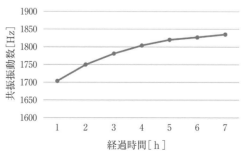

図3　吸水させたブドウ枝Bの共振振動数の推移

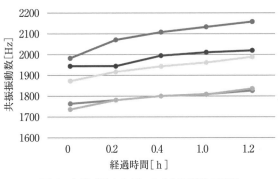

図4　木棒（吸水あり）の共振振動数の推移

算出したところ、吸水させた時の値は 56 Hz、2 回目は 88 Hz であった（**図4**）。一方で吸水していない時の値は 16 Hz、2 回目は 13 Hz であった。

4　木棒を用いたたわみ測定法【実験4】

　実験の結果、吸水していない木棒 D では、時間が経過してもたわみ量を一定に保つために与えた力 F の変化は見られなかった。一方、吸水させた木棒 E では、時間の経過とともにたわみ量を一定に保つために与えた力 F は増加した（**図5**）。

5　ブドウ枝を用いたたわみ測定法【実験5】

　実験の結果、吸水していないブドウ枝 D では、時間が経過してもたわみ量を一定に保つために与えた力 F の変化は見られなかった。一方、吸水さ

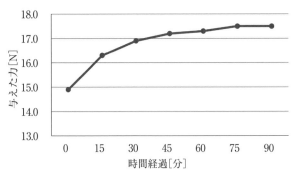

図5　吸水させた木棒 E に与えた力 F［N］の推移

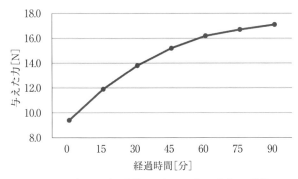

図6　吸水したブドウ枝Eに与えた力 F［N］の推移

せたブドウ枝Eでは、時間の経過とともに、たわみ量を一定に保つために
与えた力 F が増加した（**図6**）。

結果と今後の展開

　振動測定法においては、含水量が高い（密度が高い）棒および枝は低い
共振振動数で、また含水量が低い（密度が低い）棒および枝は低い共振振
動数で変化した。このことから枝の水分状態の変化によって、振動を与え
た棒および枝の共振振動数が変化することが示唆された。また、たわみ測
定法においては、吸水した棒および枝が時間の経過とともに乾燥するした
がって、たわみ量を一定に保つために与えた力が増加し、水分変化がほと
んどない棒および枝は時間の経過とともに、与えた力に大きな変化はなか
った。これらは水分状態の変化によって、たわみ量を一定に保つために必
要な力が変化することが示唆された。

　本研究では、振動および力学情報から非破壊で経時的に樹体内の枝の水
分情報の推定が可能であることが示唆された。したがって本実験で使用し
た振動およびたわみ測定装置およびこれらの測定方法は、研究分野におけ
る植物の基礎研究や農業分野における灌水管理においても利用できる可能
性がある。

〔引用文献・参考文献〕

1)　国立天文台編『平成 26 年理科年表 p. 434-435』丸善出版（2014）

2)　L. テイツ・E. ザイガー編、西谷和彦・崎研一郎監訳『植物生理学第 3 版. p33-34』陪風館（2004）.

3)　三浦登 他『物理基礎. p107』東京書籍（2013）

4)　Xavier Choné, Cornelis Van Leeuwen, Denis Dubourdieu and Jean Pierre Gaudillère. 2001. Stem water potential is a sensitive indicator of grapevine water status. Annals of Botany. 87: 477-483

●
努力賞論文

受賞のコメント

受賞者のコメント

高品質農産物の生産につながる研究
●広島県立西条農業高等学校　3年　今村花奈子

　私たちは、「果樹」の授業で高品質な農産物を生産するには灌水の量やタイミングが重要であることを学んだ。そのことがきっかけで、作物の水分量を数値化すれば、灌水管理を容易にし、高品質農産物の生産につながると考えこの研究を進めてきた。この研究は、栽培学や植物生理学、物理学などのさまざまな知識が必要で、授業だけの知識では足りず、関係する論文や書籍を調べ、必要な知識や技術を身に着けることが一番苦労した。

　この研究はまだ実用化にいたっておらず、解決できてないところが多くある。ここまでご指導くださった広島大学の櫻井教授をはじめ、すべての方に感謝申し上げる。

指導教諭のコメント

生徒たちは失敗から学び、あきらめない姿勢を貫いた
●広島県立西条農業高等学校　教諭　農業　小倉弘士

　近年、作物の生育情報や気象情報等の「データ」を活用した効果的な灌水技術の研究が進み、その技術が多くの生産現場に取り入れられている。「経験や勘」に頼っていた農業からこうした「データ」に基づく栽培技術への変革は、コスト削減対象の把握や商品の差別化・高付加価値化を図ることにつながっている。

　本研究では、その基礎「データ」となる植物の水分情報を非破壊で継続的に取得できる方法の開発を試みた。試行錯誤を繰り返しながら、測定器の開発・改良を行い、農作物の栽培管理を行いつつ、地道な研究活動の中で成果を上げていった。まだ道半ばの研究であるが、失敗から学び、あきらめない姿勢をこれからも続けてほしい。

未来の科学者へ

理由を突き詰めると新しい発見につながる

　研究は、既往の文献を検討し、果樹栽培時に必要な果樹の枝に含まれる水分量の変化を、枝を破壊することなく、振動数や剛性の変化から非破壊検査において推定可能なことを示しており、研究として努力の成果が認められると思う。これを実用域に高めるためには、さらに園芸関係の論文だけで無く、周辺研究まで手を伸ばして調べてみると、よいと思う。

　木は、住宅などの建築物の材料として用いられてきており、含水率と木材の剛性や強度の関係が研究されている。木材に含まれる水分は、自由水と結合水の２種類あり、自由水は、容易に蒸発し、結合水は細胞壁中に含まれる水で、木材と結合している。乾燥すると、初めに流動しやすい自由水が蒸発し、だいたい含水率30％前後になる。その後は、細胞壁に結合していた水分が抜け始め、細胞壁の収縮が始まり、剛性や強度は増す。建築の材料としては、この収縮により反りや乾燥割れなどが生じることになる。

　今回のような果樹を対象とした場合でも、樹木として生きるためには自由水の変動のみを考慮すべきなのかどうかを最初に示しておくことが大切だと思う。曲げ振動の場合、重さが重いほど振動数は小さくなり、剛性が大きいほど振動数は大きくなる。そのため、水を吸わせた方が重さから言うと振動数は小さくなり、剛性からは大きくなると思われる。木棒の方は、前者の影響が大きく、葡萄枝の方は、後者の影響が強い結果になっている。一方、静的な実験では、水の重さによる変形があるので、水を吸わせた時に同じ変形では加える力は小さくなるはずだが、木棒と葡萄枝で逆転している。曲げ変形とか振動数の理論解はあるので、それらを踏まえた上で、この違いが、なにが理由なのかを突き詰めていくと、新しい発見につながると思う。

（神奈川大学工学部　教授　島﨑　和司）

努力賞論文

美しい紫色の釉薬の開発

（原題）地域の活性化をめざした砥部焼釉薬の研究
～イチョウを用いた紫色の釉薬の開発～

愛媛県立松山南高等学校　理数科　砥部焼シスターズ
３年　上岡 万夏　池田 夢叶　尾野木 美緒　嘉村 彩佳里

課題設定の理由

　愛媛県の特産物の中に、約240年の歴史を誇る砥部焼がある。砥部焼の特徴は、白地に藍色の唐草模様であり、世界で評価されている磁器の１つである。愛媛県指定無形文化財にも指定されている。しかし、「東京に住む人に向けた愛媛県の認知度に関する調査」によると砥部焼の認知度は、各年代の平均でわずか8.7％となっているが、若年層は高齢者と比べると、4分の１にも満たない。

　ところで、本校には23本のイチョウの木があり、秋には葉が色づき美しい光景を見ることができる。しかし、その反面、毎年大量のイチョウの剪定した枝や、落葉の処理に困っており、本校の課題になっている。そこで、本研究では科学的手法を用いて、高校生の視点から新しい磁器用釉薬を本校のイチョウを用いて開発し、砥部焼の魅力をより幅広い世代、多くの人に広め、地域を活性化させることを目的として研究を行った。開発する釉薬は、日本古来、高貴な色とされている紫色を目標とし、新たな砥部焼の色を生み出すことで、砥部焼の魅力を高め、若年層も含めた幅広い年齢層に受け入れられることを目指した。

実験方法

1　釉薬とは

　釉薬は、陶器・磁器の表面をコーティングするガラス層のことであり、「うわぐすり」とも呼ばれる。**図1**のAのように、釉薬は、基本的に透明なガラス層であるが、今回、私たちがイチョウを用いて開発しようと挑戦したのは、Bのように釉薬そのものが発色して紫色になる釉薬である。

　また、**図2**のAのように、一般的な釉薬は、主原料、媒熔材、補助剤の3つからなる。主原料に長石、媒熔材に植物灰、補助剤に藁灰を使用するのが一般的である。補助剤は主原料、媒熔材だけでは釉薬として機能しない場合に使用されるが、後の実験よりイチョウを用いた場合、補助剤が特に必要ないと考えられたので、Bのように、本研究では主原料に福島長石、媒熔材と補助剤にイチョウの灰を使用することとした。これを以下基礎釉とする。また、本研究では紫色に発色する表面が滑らかな質感の釉薬を作ることを最終目標とした。

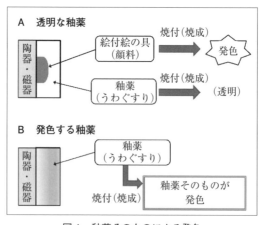

図1　釉薬そのものによる発色

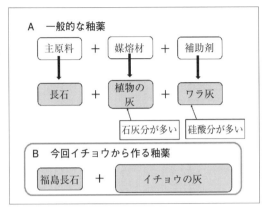

図2　イチョウから作る釉薬

2　イチョウの灰の作製手順

イチョウの灰を作る手順は以下のとおりである。

①イチョウの葉や枝をそれぞれ集めて乾燥させ、燃やして灰にする。

②灰を水ですすぎ、アルカリ分を抜く作業（水簸）を行う。

③600 μm〜75 μm までの3段階でふるいにかけ、炭などの余分なもの（以下、炭不純物）を取り除く。

④乾燥させた後、③と同じ手順でふるいにかけ、粒子の大きさを均一にする。

3　テストピースの作製手順

次にテストピースを作製し、焼成を行い、発色を調べた。

①灰と福島長石（以下、長石とする）の混合比を変えながら総量が 10 g になるよう量る。

②①にほぼ同量の水を加え、粘性をそろえるようによくかき混ぜ、筆で素焼き板（あらかじめ 900 ℃で焼成を行ったもの）に塗る。

④ 1250 ℃で還元焼成を行った。

結果・考察

1　イチョウの灰を用いた実験

(1) 枝の灰の基礎釉

　枝の灰：長石の割合（質量比）を変えながら実験を行った（**図3**）。灰の割合が大きい場合は、灰が熔け切らず、長石の割合を大きくするにつれ、釉薬が素焼き板に密着していた。しかし、釉薬の質感は光沢が少なく、粗面であった。なお、灰：長石＝40％：60％の時、表面が淡い赤色に発色した（**図3の丸**）。

(2) 葉の灰の基礎釉

　葉の灰：長石の割合を変えながら実験を行った（**図4**）。すべての割合で薄い緑色に発色し、長石の割合を多くするにつれて白濁し、発色が淡くなった（図4の丸）。また、表面の質感は、枝の灰の基礎釉と比べて、滑らかであった。

(3) 枝の灰の成分分析

　これらの発色の結果について科学的根拠を探るため、愛媛県窯業技術センターのX線分析システムを用いて成分分析を行った（**表1**、**表2**）。分析

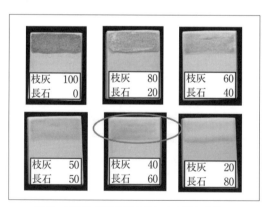

図3　枝灰と長石の混合比による発色の違い

結果より、枝の灰と葉の灰とも、釉薬に直接発色を及ぼす物質は Fe_2O_3 のみであった。鉄は釉薬としての発色は、FeO の状態で青緑系統の色、Fe_2O_3 の状態で赤系統の色に発色する。このことから図3丸の発色は、還元焼成を行ったが Fe_2O_3 は十分に還元されずに赤系統のまま発色したと考えた。

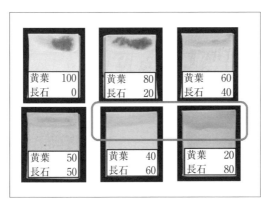

図4　葉の灰と長石の混合比による発色の違い

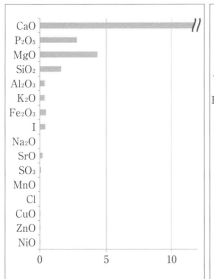

表1　イチョウの枝の灰の成分分析

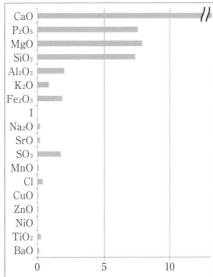

表2　イチョウの葉の灰の成分分析

　また、イチョウの枝と葉に含まれる成分にはあきらかな差があった。特に、釉薬を熔けやすくするP_2O_5は、葉の灰は枝の3倍程度含まれていた。このため、葉の灰で還元焼成を行った時、Fe_2O_3は熔けて、FeOに還元され、青緑系統の発色に至ったと考えた。

　以上の結果から、灰と長石だけでは紫色に発色する釉薬を作製することは難しいこと、釉薬の質感からも葉の灰の方が釉薬作製に適当であると考えた。そこで、今後の実験では、図4丸の基礎釉に、発色に影響する化学物質を添加し、私たちが目標としている理想の紫色に発色する釉薬の作製に挑戦することにした。

2　化学物質を添加した実験

（1）三種類の化学物質の添加

　基礎釉に、CuO、BaO、SnO_2の総量を基礎釉の質量の1％に設定し、それぞれの割合を変化させながら添加することにした（**図5**）。その結果、CuOを添加したものはすべて紫色に発色した。先行研究では赤系統の発色を示すとあったが、今回の結果で、すべて紫色に発色した理由として、使用したイチョウの葉の灰に含まれる補助剤との相補性によって紫色の発色が得られたものと考えた。また、BaOの添加で釉薬が熔けて素焼き版によく密着しており、SnO_2の添加の割合を大きくするにつれ、表面の光沢がなくなっていた。

（2）（1）の実験の合計質量を変化させて添加

　図5の丸に設定した時の発色に着目し、用いた化学物質の割合は変化させず、基礎釉に対して添加する化学物質の合計質量を増加させる実験を行った（**図6**）。その結果、添加する化学物質内の割合を固定していれば、釉薬の発色、質感に変化は見られなかった。そして、図6の丸の時の発色が、私たちが目標とする紫色の発色に近かったことから、CuOとSnO_2の割合は12に固定してBaOの添加量を大きくする実験を行った（**図7**）。その結果、赤色系統の発色が強くなったことから、当初は媒熔剤として添加していたBaOは、発色にも影響することがわかった。また、CuO・BaO・SnO_2の比を1：7：2に設定した時、本研究で目的としていた表面の質感が高く、かつ紫色の発色を得られることがわかった（図7の丸）。

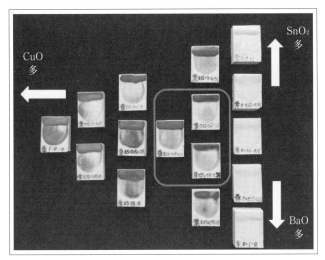

図5　葉の灰の基礎釉＋CuO、BaO、SnO₂

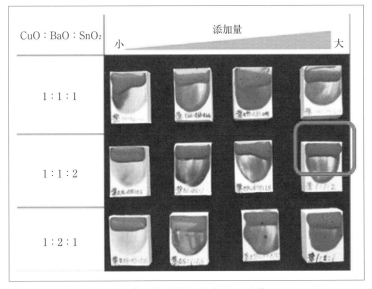

図6　①の合計質量を変化させて添加

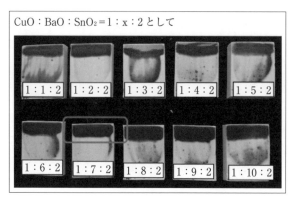

CuO：BaO：SnO₂＝1：x：2として

1：1：2　1：2：2　1：3：2　1：4：2　1：5：2

1：6：2　1：7：2　1：8：2　1：9：2　1：10：2

図7　BaO だけ添加量を大きくする実験

研究のまとめと今後の課題

　本研究で、以下のことがあきらかになった。

①イチョウの灰から釉薬を作ることができる。

②枝より葉（特に緑葉）の方が釉薬には適する。

③釉を熔けやすくするためには BaO が有効である。

④添加する金属酸化物の割合を変えることで、目的の色を発色させることができる。

⑤ CuO・BaO・SnO₂ の比を 1：7：2 に設定した時、表面の質感が高く、かつ紫色の発色を得られる。

　この研究を行う過程において、銅の発色に関して、還元焼成を行った場合は赤系統に発色すると言われているにも関わらず、緑色系統の発色が見られた。これは、媒熔剤などの他の物質による影響で、酸化焼成での発色が得られたと考えられる。そのため今後はこれらの色が安定して発色する条件、また釉薬のガラス層の構造の状態などに関して追究していきたい。

〔謝　辞〕

　本研究を行うにあたり、御指導・御協力いただきました愛媛県窯業技術センター職員の皆さま、愛媛大学理学部高橋亮治教授、愛媛県立松山南高等学校砥部分校鳥谷ひかる先生をはじめとした多くの皆様に厚く感謝申し上げます。

〔参考文献〕

1)　樋口わかな『焼き物実践ガイド：陶器作りますます上達』誠文堂新光社（2007）
2)　島田文雄「素材で楽しい陶芸（みみずく・くらふとシリーズ」視覚デザイン研究所・編集室（1997）
3)　加藤悦三「窯協，70，33」（1962）
4)　首藤喬一、中村健治「愛媛県産業技術研究所研究報告，55，34」（2017）
5)　「愛媛県の認知度に関する調査報告」愛媛県ホームページ（https://www.pref.ehime.jp/h12200/1191360_1876.html）
6)　宮川愛太郎『陶磁器釉薬―うわぐすり―』共立出版株式会社（1965）
7)　株式会社視覚デザイン研究所「素材で楽しい陶芸」（1997）
8)　津坂和秀『やきものをつくる釉薬応用ノート』双葉社（1999）
9)　坂井雅之『陶遊 145 号』株式会社エスプレス・メディア出版（2014）

●
努力賞論文

受賞のコメント

紫色を発色した時の大きな感動

●愛媛県立松山南高等学校　砥部焼シスターズ

　松山南高校の砥部分校デザイン科との共同研究で、愛媛県の砥部焼をもっと発展させたいと思い、釉薬の研究を始めた。釉薬の制作は、今までは職人の感覚で行われていたので、だれでも同じ色を出せるように化学的視点で数値化しようと思った。最終的に目標としていた紫色を出すことができ、どの化学物質を使うとどのような色が出るのか、釉薬の状態がどのようになるのかまでわかり達成感があった。今後、後輩たちにも釉薬の研究を通じて、新しい発見をしてほしい。研究を通して学んだ、「根気強くすることの大切さ」を、これからもさまざまな場面で活かしたい。

砥部焼シスターズは明るく楽しみながら研究していた

●愛媛県立松山南高等学校　教諭　石丸靖夫

　本研究の成果は、砥部焼シスターズの明るく楽しみながら研究する姿勢と、粘り強く努力し諦めない姿勢の賜物である。釉薬の開発にあたり、灰を作るために、試料の採集・乾燥・燃焼・水簸（あく抜き）などの作業を何カ月も淡々と行い、釉薬の発色を調整するために、発色剤・媒熔剤・補助剤の影響を先行研究や窯業技術センターで分析した灰の成分で比較・検討を行った。

　その結果、自分たちが考える紫色が発色したときの笑顔は今でも忘れられない。今では、その取り組む姿勢が後輩たちに受け継がれ、さらなる研究が進められている。今後の新たな釉薬の開発を期待したい。

●
努力賞論文

未来の科学者へ

地域に愛情を抱き必死に実験している姿が想像できる

　本研究では、高校の校庭にあるイチョウの木を活用し、地元の特産品である砥部焼のための釉薬開発を目的としている。具体的には、日本古来の高貴な色とされる紫色の発色を目標とし、釉薬の調製法や発色を支配する元素について検討を行っている。身近な素材を活用し地域活性化を図る取り組みは、高校生らしさが感じられ大変好感が持てる。地域に愛情を抱きながら筆者が必死に実験している姿が想像され、努力賞にふさわしいと感じられた。

　珍しい紫色の発色を研究目標とした結果、イチョウ由来の灰と長石だけでは発色制御が難しいことが判明し、後半部分では酸化銅・酸化バリウム・酸化スズの添加を施して釉薬組成を調整している。目標の紫色が得られたのは良かったが、本来主役になるはずのイチョウの役割があまり大きくなく、研究題目との整合性が低くなってしまったのが少々残念であった。個人的には、研究目的自体（紫色の釉薬）は妥協しても構わないので、釉薬へのイチョウ添加効果を詳しく調べる研究にすべきだったと感じた。たとえば、他の植物の葉・枝を釉薬への添加物として使った場合の微妙な発色を比較すると良かったのではないか。

　未知の自然現象に挑む研究では、当初の狙いが外れることが多々ある。このような局面では研究者自身の判断力が試され、研究計画を微修正しながら新しい発見をめざさなくてはならない。もし当初の研究目標が大幅に変更をしいられても気落ちする必要はない。ノーベル賞に繋がるような大発見はこのような偶然にもたらされることが多く、研究者の高い観察力・洞察力が求められるのである。筆者には、本研究での経験を活かし想定外の結果から「偶然の大発見」を見逃さない研究者をめざして欲しい。

（神奈川大学工学部　教授　本橋　輝樹）

デンプン食品によってできる 流体は、なぜ違うのか

（原題）ダイラタント流体形成時における デンプン粒の挙動について

沖縄県立美里高等学校　地球科学同好会
２年　兼城 誉　幸地 直雄　古謝 宝　大嶺 凌平
新鷲 優花・上原 梨々子・森根 理香子

研究を始めたきっかけ

　ダイラタンシーとは、ある種の固体と液体の混合物が示す性質であり、外力による急激な変形に対しては固体的に振る舞い、ゆっくりとした変形に対しては流動性を示す。この現象が起こる物体を「ダイラタント流体」と呼び、片栗粉と水を等量混ぜて作られるウーブリックは化学の実験などでもおなじみのものである。

　私たちは化学の授業でコロイドについて学び、その中でダイラタント流体についての実験を行い、その不思議な挙動から、どのようなメカニズムでダイラタント流体が固体的な振る舞いや流動性を見せるのか興味をもって文献調査を行ったところ、ダイラタント流体のような流体を「非ニュートン流体」と呼ぶことがわかった。

　非ニュートン流体は、私たちが日常的に食べている食品にも多く含まれており、ニュートン流体および非ニュートン流体の流動性を研究する分野

にレオロジー（流動学）がある。

　私たちは学園祭で模擬店をすることになり、だんごを販売することになった。その製品開発の過程でレオロジーのことを知り、それをもとに模擬店で販売するだんごについてもコストの面や食味の面から、複数のデンプンを混和してだんごを作ることになった。いくつかのデンプンについて水と混ぜ合わせてこねたところ、片栗粉やコーンスターチの場合、デンプンと水を等量混ぜた場合は液状になり、さらにへらなどですくい上げようとすると固くなる、いわゆるダイラタント流体の性質を示した。しかし、もち粉や上新粉の場合はまとまった生地ができあがったため、デンプンの性質がこのような違いの原因になっていると考えられた。

　そこで私たちは、デンプン混合物の挙動に興味を持ち、日常的に食しているデンプンからできるダイラタント流体の特徴について、流体力学およびレオロジーの面から解明ができるか検討を行った。

材料および方法

①デンプンの形状および特徴

　身近なデンプン食品として、穀類デンプンであるもち米デンプン（もち粉、有限会社与那嶺鰹節店）、うるち米デンプン（上新粉、丸世製粉合名会社）、小麦デンプン（羽衣（薄力粉）、沖縄製粉株式会社）、トウモロコシデンプン（コーンスターチ、有限会社与那嶺鰹節店）、いも類デンプンである馬鈴薯デンプン（片栗粉、丸政商事株式会社）、甘藷デンプン（いもくず、株式会社かねよし）、タピオカデンプン（タピオカ、株式会社名嘉食品）を用いた。これらのデンプン食品中のデンプン粒が主にアミロース、アミロペクチンいずれで構成されているかを調べるために、50倍希釈したデンプン溶液10 mLに1％ヨウ素ヨウ化カリウム水溶液を2滴滴下し、ヨウ素デンプン反応を調べた。デンプンの形状、構造などについてはデンプンを蒸留水で50倍希釈したコロイド溶液を顕微鏡（LVS-S200-HD、ケニス）の総合倍率100倍で観察し、デジタル一眼レフカメラ（EOS-Kiss X2、Canon）

で撮影した。

②タンパク質の簡易定量

　前記デンプン食品を蒸留水で50倍希釈した後、テトラブロモフェノールブルーを用いた試験紙法によって、簡易的にタンパク質の定量を行った。タンパク質含量は可溶性アルブミン当量とした。

③かさ密度の測定

　前記のデンプン食品の体積あたりの重量をメスシリンダーで測定し、かさ密度とした。

④デンプン食品を含むコロイド溶液の挙動

　前記デンプン食品をそれぞれ10 g測りとり、0 mLから14 mLの蒸留水およびグリセリンに溶解してコロイド溶液をつくり、その挙動を調べた。

結果および考察

　今回用いたデンプン食品は、いずれも一般的なものであり、さまざまな食品の原料として用いられる。しかし、そのデンプンの粒形などはデンプン食品によって異なっていた（表1）。

　本実験でタンパク質が検出されたデンプン食品はもち米デンプン、うる

表1　それぞれのデンプンの特徴

	デンプン粒の大きさ	デンプン粒の形	団粒の有無	ヨウ素デンプン反応
もち米デンプン	小型	多角形	あり	褐色
うるち米デンプン	小型	球形	あり	赤紫
小麦デンプン	小型と中型が混在	楕円体	あり	青紫
トウモロコシデンプン	中型	多角形	なし	赤紫
馬鈴薯デンプン	大型	楕円体	なし	青紫
甘藷デンプン	中型	球形	なし	青紫
タピオカデンプン	小型と中型が混在	球形	なし	青紫

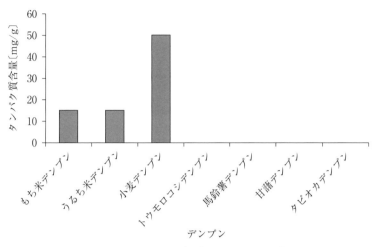

図1　それぞれのデンプン食品のタンパク質含量

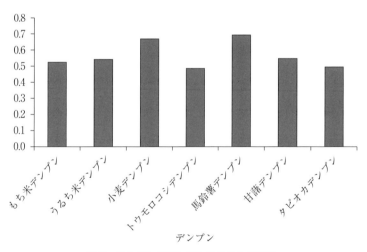

図2　それぞれのデンプン食品のかさ密度

ち米デンプン、小麦デンプンのみであり、特に小麦デンプンのタンパク質
含有量が高かった（**図1**）。

　デンプン食品のかさ密度を測定したところ、小麦デンプンのかさ密度が
最も小さく、馬鈴薯デンプンのかさ密度が最も大きかった（**図2**）。

分散質(10g)	蒸留水(mL)							
	0	2	4	6	8	10	12	14
もち米デンプン	粉体	粉体	粉体	固結	固結	ビンガム流体	ビンガム流体	ゾル
うるち米デンプン	粉体	粉体	粉体	固結	固結	ビンガム流体	ビンガム流体	ゾル
小麦デンプン	粉体	粉体	固結	固結	ビンガム流体	ビンガム流体	ビンガム流体	ゾル
トウモロコシデンプン	粉体	粉体	粉体	固結	ダイラタント流体	ゾル	ゾル	ゾル
馬鈴薯デンプン	粉体	粉体	粉体	固結	ダイラタント流体	ダイラタント流体	ダイラタント流体	ゾル
甘藷デンプン	粉体	粉体	粉体	固結	ダイラタント流体	ゾル	ゾル	ゾル
タピオカデンプン	粉体	粉体	固結	固結	ダイラタント流体	ゾル	ゾル	ゾル

図3(1)　異なる分散質と蒸留水の組み合わせにおけるコロイド溶液の形状

分散質(10g)	グリセリン(mL)							
	0	2	4	6	8	10	12	14
もち米デンプン	粉体	粉体	粉体	固結	ビンガム流体	ビンガム流体	ゾル	ゾル
うるち米デンプン	粉体	粉体	粉体	ビンガム流体	ビンガム流体	ゾル	ゾル	ゾル
小麦デンプン	粉体	粉体	固結	ビンガム流体	ビンガム流体	ビンガム流体	ビンガム流体	ゾル
トウモロコシデンプン	粉体	粉体	粉体	ダイラタント流体	ダイラタント流体	ゾル	ゾル	ゾル
馬鈴薯デンプン	粉体	粉体	固結	ダイラタント流体	ゾル	ゾル	ゾル	ゾル
甘藷デンプン	粉体	粉体	固結	ダイラタント流体	ダイラタント流体	ゾル	ゾル	ゾル
タピオカデンプン	粉体	粉体	固結	ダイラタント流体	ダイラタント流体	ゾル	ゾル	ゾル

図3(2)　異なる分散質とグリセリンの組み合わせにおけるコロイド溶液の形状

　デンプン食品を分散質として、蒸留水およびグリセリンを分散媒として混合したコロイド溶液の挙動を調べたところ、分散媒が少ない状況では粉体となり、分散媒が4mL程度では固結し、分散媒が8mL程度でビンガム流体やダイラタント流体となり、分散媒が多いとゾルとなった。

　分散質それぞれについてみると、トウモロコシデンプンを除く穀類デンプンではダイラタント流体は形成されず、ビンガム流体となった。いも類デンプンおよびトウモロコシデンプンを用いたところ、分散媒によらずダイラタント流体が形成されたが、ダイラタント流体が形成される分散媒の量は分散質の種類によって異なっていた。さらに分散媒がグリセリンの場合は蒸留水に比べてゾル化しやすくなった（**図3(1)**、**図3(2)**）。

総合考察と今後の課題

　本研究結果から、ダイラタント流体は外力がかかっていない状態ではデンプン粒子が分散媒中でお互いに反発することで、最密充填に近い状態になっているために、流動性をもつと考えられ、外力がかかるとデンプン粒

同士が団粒となるため固化すると考えられる。また、デンプン製品にタンパク質が 7.5 mg/g 以上含まれている場合は、ダイラタント流体の形成が阻害されることがわかった。さらに馬鈴薯デンプンのようにデンプンの粒径が 13 μm 程度であれば、ダイラタント流体になる分散媒の量の条件が広くなることがわかった。これは粒径が大きくなるほど、かさ密度が小さくなることも要因の 1 つだと考えられる。また、分散媒の粘度が高くなると、分散媒の割合が低くてもゾル化することがわかった。これは、分散媒の粘度と分散質分子間にはたらく摩擦が影響していると考えられる。

　以上より、ダイラタント流体の形成には、分散質に 7.5 mg/g 以上のタンパク質が含まれていないことがもっとも重要であり、その他にも分散媒の充填率および粘度が影響を及ぼしていると考えられる。このため、だんごなどに加工デンプンを加えると、分散質のタンパク質含量を低下させ、分散媒の充填率が変化するため、だんご内部でデンプン粒がダイラタント流体様の挙動を示し、これが喉越しなどの食感に影響を及ぼしていると考えられる。今後は分散媒の種類を変えて分散媒の極性がダイラタント流体形成に及ぼす影響を調べていきたい。

〔謝　辞〕

　本実験を遂行するにあたりご指導いただいた沖縄県立美里高等学校の比嘉千幸先生、工藤美鈴先生、材料の準備を手伝って頂いた安座間陽子先生、実験指導をしていただいた沖縄県立球陽高等学校の宮城仁志先生に感謝申し上げます。

〔参考文献〕

1)　上田隆宣『測定から読み解くレオロジーの基礎知識』日刊工業新聞社（2017）
2)　岡崎直道・佐野征男『食品多糖類 乳化・増粘・ゲル化の知識』幸書房（2010）
3)　川端晶子『食品物性学レオロジーとテクスチャー』建帛社（2016）
4)　キッズ科学ラボ『親子で挑戦！理科が好きになるおもしろ科学実験』メイツ

出版（2010）

5)　小林敏勝『きちんと知りたい粒子分散液の作り方・使い方』日刊工業新聞社
　　（2016）

6)　篠原邦夫・田中達夫「粉粒体の摩擦角特性に関する考察―内部摩擦角、壁面
　　摩擦角、滑り摩擦角、引張り付着応力について―」化学工学第 32 巻 第 1 号
　　（1968）

7)　高橋禮治『改定増補でん粉製品の知識』幸書房（2018）

8)　釣谷泰一「印刷インキペーストより見たるサスペンションペーストの異常粘
　　性（Ⅱ）」色材 41（1968）

9)　中村道徳・貝沼圭二「澱粉・関連糖質実験法」学会出版センター（1998）

10)　中濱信子ほか「改定新版　おいしさのレオロジー」アイ・ケイ コーポレー
　　ション（2011）

11)　那須野 悟「粉粒体の物理―粉粒体によるマクロな摩擦」数理解析研究所講
　　究録 1081 巻（1999）

12)　増渕雄一『おもしろレオロジー―どろどろ、ぐにゃぐにゃ物質の科学―』技
　　術評論社（2010）

13)　三浦 靖「食品レオロジーの面白さ　第 3 回 食品の流動」Nihon Reoroji
　　Gakkaishi Vol.42、No.4（2014）

14)　矢野武夫・佐納良樹「粉粒体混合度の表現法に対する二、三の考察」化学工
　　学 第 29 巻 第 4 号（1965）

15)　仲田邦彦「沖縄県の地理」株式会社東洋企画印刷（2009）

●
努力賞論文

受賞のコメント

受賞者のコメント

迷いながら1つひとつ現象を理解し、探究を続けた

●沖縄県立美里高校　地球科学同好会

　兼城 誉・幸地直雄・古謝 宝・大嶺凌平・
　新鷲優花・上原梨々子・森根理香

　今回このような賞をいただき大変うれしく思っている。本研究は学園祭の模擬店でおいしい「みたらしだんご」を提供するために試行錯誤をしている中で、デンプン食品に興味をもったことから始まった。本論文はデンプン食品によってできる流体がなぜ違うのかを解き明かすため、放課後、地道に研究を進めて、迷いながら1つひとつ現象を理解し、探究を続けた結果をまとめたものである。

　この研究を進める中で暖かく、時には厳しく指導してくださった先生方に感謝すると同時に、これからも探究心をもって研究を進めていきたい。

指導教諭のコメント

生徒の素朴な疑問を科学的に解明した研究

●沖縄県立美里高校　教諭　比嘉千幸

　この研究の指導を行うきっかけは学園祭の模擬店で販売した「みたらしだんご」の商品開発の過程で、生徒たちがデンプンでできる流体の挙動に気づいたことであった。なぜデンプン食品によって、できる流体が違うのかという生徒の疑問を科学的に解き明かしてみようということで研究をスタートさせた。

　ダイラタント流体は科学実験教室でもよく取り上げられる身近なものであるが、その挙動については不明な点が多い。このため物理的な解析だけでなく化学的な実験やモデル化など、生徒たちと議論しながら多角的な実験を行うことで論文の作成に至ることができた。本研究は食品の食感の向上のみならず、液状化現象の防止にもつながる可能性を秘めている。今回の受賞を糧にさらなる研究へと発展させていきたい。

未来の科学者へ

一見無駄に見えるようなことを地道に繰り返す重要性

　「ダイラタント流体」は聞き慣れない言葉であるが、強い力を加えると瞬間的に硬くなり、力を加えないと液体に戻る流体として知られている。この特徴を示す流体は片栗粉と水を混ぜて作ることができて、この流体で満たしたプールの水面を早足で渡る様子をテレビ番組で視聴した方もいると思う。

　本論文は、片栗粉だけでなくさまざまなデンプンを使用し、それらの粒径やタンパク質の有無、動粘度などの測定を行い、ダイラタント流体が形成される条件をレオロジーの観点から考察したものである。実験結果より、ダイラタント流体の形成には、タンパク質の有無と分散媒充填率の影響が大きいことが示されている。

　学園祭の模擬店で販売するだんごの食感を、冷めても固くならないよう改善するため、複数のデンプンを混和したという研究のきっかけが興味深い。身近なデンプン食品である7種類（もち米、うるち米、小麦、トウモロコシ、馬鈴薯、サツマイモ、タピオカ）について、それぞれの特性を詳細に調べる実験には、相当の時間がかかったと推察される。この種の実験は、実験方法が確立するまで何度もやり直す必要があり、最適な実験条件を見出すまでに相当の試行錯誤があったように思う。最終結果には表れない、後から考えれば一見無駄に見えるようなことを地道に繰り返すことが、実は科学の研究を遂行する上で最も重要なことであって、それを高校生のうちに経験できた意義は大きいと思う。

　今後は、過去の研究論文についても調査するとともに、異なる種類のデンプンを混合させた場合のデンプン粒子の挙動などについても調べてみると、さらにさまざまな影響が考察されるのではないかと思う。今後の研究の発展に期待する。

（神奈川大学工学部　助教　鈴木　健児）

第18回神奈川大学全国高校生理科・科学論文大賞
団体奨励賞受賞校

茨城県／茨城県立水戸第二高等学校
東京都／玉川学園高等部
兵庫県／仁川学院高等学校
広島県／広島県立西条農業高等学校
沖縄県／沖縄県立美里高等学校

第18回神奈川大学全国高校生理科・科学論文大賞 応募論文一覧

青森県立弘前高等学校
「多頭鶴の変形理論　〜折り鶴の頭を増やす〜」

岩手県立一関第一高等学校
「紙からエタノールを作ろう！」

岩手県立一関第一高等学校
「サイリウムの性能の比較と分析」

岩手県立一関第一高等学校
「自然にやさしいカゼインプラスチック」

岩手県立一関第一高等学校
「漸化式で表された数列の極限」

岩手県立一関第一高等学校
「塩害土壌の再生　〜被災した農地を救え！〜」

岩手県立一関第一高等学校
「ホバークラフトの製作」

岩手県立一関第一高等学校
「音で火を消す」

岩手県立水沢高等学校
「教室内の温度変化の可視化」

岩手県立水沢高等学校
「光発芽種子に関する研究　〜照射時間と発芽の関係について〜」

岩手県立水沢高等学校
「ウスユキソウ属の分子生物学的手法による分類の可能性について　〜DNA
　による分類方法の検討〜」

岩手県立水沢高等学校
「卵殻膜による銅（Ⅱ）イオンの吸着に関する研究」

岩手県立水沢高等学校
「風車のない風力発電　〜発電量を上げるには〜」

岩手県立水沢高等学校
「固有振動に基づいた振動モードの比較による耐震構造の評価　〜YAMA
　型を超えろ！〜」

岩手県立水沢高等学校
「水車の動作解析」

岩手県立水沢高等学校
「Oohoの膜の厚さの研究　〜水溶液につける時間と濃度との関係〜」

岩手県立水沢高等学校
「電解還元による二酸化炭素の有用物質への変換」

宮城県・仙台第二高等学校
「絹糸精錬による廃水の利用」

茨城県立下館第一高等学校
「茨城県南部における新しい活断層の発見」

茨城県立土浦第三高等学校
「太陽の電波観測　〜データの安定を求めて〜」

茨城県立土浦第三高等学校
「ユレモの運動」

茨城県立水戸第二高等学校
「金属葉　〜有機溶媒が電析金属薄膜の形態に与える影響〜」

茨城県立水戸第二高等学校
「幻の水戸ガラス」

群馬県立桐生高等学校
「鉛筆は転がるのかすべるのか」

群馬県立桐生高等学校
「バックウォーター現象の発生条件を探る」

群馬県立桐生高等学校
「おんさの角度による弦の共振の変化について」

群馬県立桐生高等学校
「輪ゴムの伸び縮みと力の大きさの関係」

群馬県立桐生高等学校
「シャープペンシルの芯の折れやすさについて」

群馬県立桐生高等学校
「消しゴムの変形と破壊」

群馬県立桐生高等学校
「ペットボトルキャップ投げの秘密」

群馬県立桐生高等学校
「モデルロケットを安全に回収できるストリーマー」

群馬県立高崎高等学校
「卵を割らずに落とすには」

群馬県立藤岡中央高等学校
「3D プリンターを用いたクラリネット用リードの研究」

群馬県立前橋女子高等学校
「どっちが楽なの 1 段 2 段？」

群馬県立前橋女子高等学校
「季節による植物の色素の変化」

群馬県立前橋女子高等学校
「教室内の CO_2 濃度の上昇を抑える方法　～植物の光合成作用を活用して～」

群馬県立前橋女子高等学校
「間隙の体積による地面の温度上昇について」

埼玉県・大妻嵐山高等学校
「ウミホタルについて」

埼玉県・山村国際高等学校
「ヤーコンによる2型糖尿病モデルマウスのインスリン抵抗性の予防効果
　〜ヤーコンで2型糖尿病を救う〜」

埼玉県・山村国際高等学校
「プロポリス摂取によるマウス腸内フローラの改善　〜プロポリスで健康維
　持は本当か？〜」

埼玉県・山村国際高等学校
「痩せる乳酸菌チョコレートをマウス腸内フローラから発見したよ！　〜女
　子必見！　乳酸菌チョコを食べればダイエット！〜」

埼玉県・立教新座高等学校
「コバルト錯体の合成と自作装置による分析」

千葉県立大原高等学校
「ヨウ素時計反応の誘導時間を左右するもう一つの要素　〜第三報〜」

千葉県・渋谷教育学園幕張高等学校
「風洞製作とペットボトルロケットへの応用」

千葉県・拓殖大学紅陵高等学校
「飛行時間の長い紙飛行機の作成　〜主翼の形状と迎角の研究〜（シミュレ
　ーションソフト「PPSim」と「Flowsqaue」の活用）」

東京都・啓明学園高等学校
「糖類がコンクリートの凝結遅延に与える効果の研究」

東京都・光塩女子学院高等科
「ボルボックスの生態」

東京都・渋谷教育学園渋谷高等学校
「柔軟剤における香り　〜家庭内での洗濯において最も香りをつけるには〜」

東京都・玉川学園高等部
「ニューラルネットワークを利用した車線維持システムの開発　〜自動運転バスへの応用〜」

東京都・玉川学園高等部
「屋内における無人航空機自律飛行制御の開発　〜非 GPS 環境下での安定飛行を行う制御〜」

東京都・玉川学園高等部
「波力発電の効率化を目指す研究」

東京都・玉川学園高等部
「河川の研究　第二編　〜実験装置の製作と水制工設置による局所的な流体のエネルギー変化〜」

東京都・玉川学園高等部
「LED ライトの波長の違いによるサンゴの成長促進　〜白化地域の再成を目指して〜」

東京都・玉川学園高等部
「スピーカーと音波の関係」

東京都・玉川学園高等部
「球の転がり摩擦力と速度の関係」

東京都・玉川学園高等部
「美味しい昆布だしを取る方法」

東京都・玉川学園高等部
「調理による食品中鉄含有量の変化」

東京都・玉川学園高等部
「テニスラケットに装着する振動止めの効果についての研究」

東京都・玉川学園高等部
「微粒子が及ぼす太陽光スペクトルへの影響」

東京都・玉川学園高等部
「リーフレタスを用いた養分吸収とそれに伴う形態変化の研究」

東京都・玉川学園高等部
「造礁サンゴ共生藻の生態と白化への影響　〜サンゴ・共生藻・細菌類の相
　互作用〜」

東京都立豊島高等学校
「豆苗の側芽形成の研究　〜成長の違いを探る〜」

東京都・早稲田大学高等学院
「身近なペットの遺伝子検査に関する研究　〜ヒトとペットのより良い未来
　の実現に向けて〜」

神奈川県・神奈川大学附属高等学校
「遺伝子組換え食品は本当に流通しているの？　〜遺伝子組換え技術の在り
　方を考える〜」

神奈川県・桐蔭学園高等学校
「黄金比の使いどころ」

神奈川県立弥栄高等学校
「ブドウではない　〜手のひらサイズの単細胞生物はどう増えるか〜」

神奈川県立弥栄高等学校
「身近な固着剤を用いた安価な岩絵具の製作　〜あなたに岩絵具を届けます！〜」

神奈川県・横浜雙葉高等学校
「信号反応　〜糖の還元とインジゴカルミンの劣化について〜」

新潟県立新発田高等学校
「体積変化によって津波を軽減させるには」

石川県立金沢泉丘高等学校
「画像認識 AI の理解とそのプログラムの製作」

石川県立金沢泉丘高等学校
「折り紙を用いて作る容器の最大容積」

石川県立金沢泉丘高等学校
「ペットボトル振動子の多角的解析」

山梨県立甲府南高等学校
「金属鏡の生成」

山梨県立甲府南高等学校
「クマリンの安定した抽出」

岐阜県立加茂高等学校
「ついに完成！アルゼンチンアリの誘導捕獲装置」

岐阜県立加茂高等学校
「ミドリゾウリムシの謎の解明　〜ミドリゾウリムシ培養の修得と白化ゾウ
　リムシの作成から再共生〜」

岐阜県立岐山高等学校
「カワニナの寄生虫に関する研究」

岐阜県立多治見北高等学校
「自然放射線についての調査」

静岡県・星陵高等学校
「スマートフォンの使用が人の体に与える影響」

静岡県・東海大学付属静岡翔洋高等学校
「富士山世界文化遺産構成資産三保松原の海浜植物保全　〜海浜植物調査と
　種子活用法と希少種調査〜」

静岡県立浜松湖東高等学校
「湖東高校の池のウキクサは何もの？」

静岡県立富岳館高等学校
「PNIPAM ゲルの最大荷重の測定　〜合成時の NIPAM、水、TEMED の
　添加量を変化させて〜」

名古屋市立向陽高等学校
「人の歩行の解析　〜二足歩行ロボットにおける人の歩行の実現に向けて〜」

名古屋市立向陽高等学校
「ブランコ漕ぎのメカニズムについて」

名古屋市立向陽高等学校
「植物細胞の pH 測定」

愛知県立日進西高等学校
「自作モジュラーシンセサイザー「タンス」による立体音響実験　〜ヘッドフォン立体音響モジュールの開発に向けて〜」

滋賀県立彦根東高等学校
「拡張された Soddy の六球連鎖における半径の逆数和の性質」

滋賀県立彦根東高等学校
「紐を用いた理想的な固定法」

滋賀県立彦根東高等学校
「フラクタル次元を用いた金属樹の比較分析」

滋賀県立彦根東高等学校
「化学実験で利用できる機能性マイクロカプセルの開発と応用」

滋賀県立彦根東高等学校
「蛾の幼虫が性フェロモンに誘引される性質について」

京都府立桃山高等学校
「雲の天気予報　〜暴れ巻雲〜」

大阪府立園芸高等学校
「特定外来生物ブルーギルの食性調査」

大阪府・清風高等学校

「水環境の新たな改善方法　〜アオコの抑制とヘドロの再利用方法〜」

大阪府・清明学院高等学校

「Verry good な Berry wood　〜空間の効率利用型植物工場〜」

大阪府・清明学院高等学校

「花壇から広がる笑顔の計画　〜ZZZ 作戦（絶対・雑草・ゼロ作戦)〜」

兵庫県立小野高等学校

「兵庫県播磨地方におけるシハイスミレと変種マキノスミレの形態分析と分
　子系統解析」

兵庫県立柏原高等学校

「沸点から溶液の「濃い」「薄い」の境界を探る　〜蒸気圧の測定を通して〜」

兵庫県立加古川東高等学校

「ため池における管理負担を低減した低水位管理法の提案」

兵庫県立宝塚北高等学校

「ヒアリは日本に生息できるのか　〜GIS を用いたシミュレーション〜」

兵庫県立宝塚北高等学校

「竹林の拡大と地面の傾斜角度との関連性　〜GIS を用いた分析〜」

兵庫県立宝塚北高等学校

「スクロースのカラメル化はどのように進むのか　〜構造異性体を用いた比
　較分析〜」

兵庫県・仁川学院高等学校
「シクロデキストリンを用いた、酸塩基指示薬の膜透過」

兵庫県・仁川学院高等学校
「セロハン膜と β-CD を用いた、薬物緩行拡散のモデル」

兵庫県・仁川学院高等学校
「アルコールランプの化学　〜メタノールのきれいな燃焼〜」

兵庫県・仁川学院高等学校
「フラッシュコットンの窒素は燃えると何になるのか」

兵庫県・白陵高等学校
「分子系統解析を用いた夢前川に生息するカワヨシノボリの腸管に寄生する
　Genarchopsis goppo の第 1 中間宿主の発見」

兵庫県立姫路東高等学校
「クロゴキブリ（Periplaneta fuliginosa）のキチンの単離　〜脱色透明化の
　方法を探る〜」

兵庫県立姫路東高等学校
「チュウガタシロカネグモ（Leucauge blanda）は発する糸を変えて機能的
　な巣を形成する」

兵庫県立姫路東高等学校
「兵庫県姫路市─加古川市に分布する花崗閃緑岩の角閃石から波状累帯構造
　を発見　〜マグマ残液循環の記録〜」

兵庫県・武庫川女子大学附属高等学校
「ブラウンライス　～玄米を摂取した際の人体の健康への影響についての研究～」

奈良県・奈良学園登美ケ丘高等学校
「赤外線リモコンの試作」

島根県立出雲高等学校
「オカダンゴムシの共生菌による抗カビ物質生産　～ダンゴムシ研究 11 年目で掴んだ産業的・学術的可能性～」

島根県立浜田高等学校
「ローダミン B の赤い太陽電池　～新しい太陽電池色素の合成～」

岡山県・岡山白陵高等学校
「ゴムに関するフックの法則と音について　～ゴムを弾いた音の振動数からゴムの長さと張力の関係を調べる～」

広島県立西条農業高等学校
「口腔機能とのかかわりにおける食品物性の研究　～とろみ剤の食品物性分析～」

広島県立西条農業高等学校
「果樹栽培における水分ストレスの非破壊測定法に関する研究」

愛媛県立宇和島東高等学校
「固有種トキワバイカツツジの保全のための基礎調査 II　～トキワバイカツツジに訪花するハチ類について～」

愛媛県立西条高等学校
「銅樹は Cu だけではなかった　〜組成と生成過程に注目して〜」

愛媛県・松山聖陵高等学校
「肱川あらしの出現条件」

愛媛県・松山聖陵高等学校
「AI の音声認識の特徴を探る」

愛媛県・松山聖陵高等学校
「コーヒー濃度が植物に与える影響」

愛媛県・松山聖陵高等学校
「カエルの研究　〜白オタマジャクシ〜その後〜 part 4 〜」

愛媛県立松山南高等学校
「光条件と植物細胞に含まれるアスコルビン酸量の関係性　〜シアノバクテリアを用いた定量化に関する研究〜」

愛媛県立松山南高等学校
「地域の活性化をめざした砥部焼釉薬の研究　〜イチョウを用いた紫色の釉薬の開発〜」

愛媛県立松山南高等学校
「水滴が水面から大きくはね返るとき、水滴の質量や水面の凹みが関係する？　〜水滴が水面からはね返る現象に関する基礎研究　その２〜」

愛媛県立松山南高等学校
「熱音響現象での温度変化の最適条件」

愛媛県立松山南高等学校
「花粉化石を用いた古環境の推定　〜皿ヶ嶺の古環境の変遷〜」

愛媛県立松山南高等学校
「高校野球タイブレーク制度導入による延長戦早期終了に関する考察　〜『ノーアウト1・2塁』の効果〜」

福岡県立筑紫丘高等学校
「球の表面と水中の抵抗の関係」

福岡県立八女農業高等学校
「ウズラの孵化に関する研究　〜有精卵なのに孵化しない原因は何か〜」

大分県・日本文理大学附属高等学校
「素粒子（ミューオン）の寿命の測定」

宮崎県・都城東高等学校
「石を食べる苔　〜苔食が人類を救う〜」

沖縄県立美里高等学校
「ダイラタント流体形成時におけるデンプン粒の挙動について」

沖縄県立美里高等学校
「オキナワカブトと本土産カブトムシの形態および生殖に関する研究」

神奈川大学
全国高校生理科・科学論文大賞の概要

＜設立の目的・ねらい＞

本大賞は、学校法人神奈川大学が「高等学校の理科教育を支援する試み」として2002年に創設いたしました。全国の高校生を対象に、理科・科学に関する研究や実験、観察、調査の成果についての論文を募集し、予備審査・本審査を経て、各賞を決定します（第18回　応募論文数135編、応募高校数66校）。

毎年3月に行う授賞式では、受賞者の表彰や基調講演のほか、受賞者による「研究発表」の場を設けることで、高校生の更なる研究を促しています。

また、高校生の独創的な発想や研究の成果を多くの方々に伝え、未来をになう科学者の誕生へとつながるよう期待を込め、受賞作品集『未来の科学者との対話』を出版しています。

＜募集論文内容＞

理科・科学に関する研究や実験、観察、調査の成果。

例：数学、物理、化学、地学、生物、情報、自然、技術など

論文の分量はA4で10枚（16,000字）程度。

＜応募条件＞

高等学校に所属する個人または、理科・科学系クラブなどの団体、有志グループ。

※応募論文の著作権は、学校法人神奈川大学に帰属します。（返却いたしません）

＜審査委員＞

名誉委員長：長倉三郎（神奈川大学特別招聘教授・東京大学名誉教授）

審査委員長：上村大輔（神奈川大学特別招聘教授・名古屋大学名誉教授）

審査委員：　紀　一誠（神奈川大学名誉教授）

　　　　　　齊藤光實（神奈川大学名誉教授）

　　　　　　庄司正弘（元神奈川大学教授・東京大学名誉教授）

　　　　　　内藤周弌（神奈川大学名誉教授）

　　　　　　西村いくこ（甲南大学特別客員教授・京都大学名誉教授）

　　　　　　松本正勝（神奈川大学名誉教授）

＜各賞と受賞対象について＞

大賞（1編）	応募論文の中で最も優れた論文
優秀賞（3編程度）	大賞に準じて優秀な論文
努力賞（15編程度）	優秀賞に準じて優秀な論文
指導教諭賞	大賞、優秀賞、努力賞の各入賞者を指導された教諭
団体奨励賞（5校程度）	複数の優秀な論文応募があった高校

おわりに

第18回神奈川大学全国高校生理科・科学論文大賞専門委員会委員長
井上　和仁

　第18回神奈川大学全国高校生理科・科学論文大賞（以下、理科論文大賞と略）の入賞論文を集めた「未来の科学者との対話18」をお届けいたします。今年度は全国66校から、135編の応募がありました。また、新規に論文を応募していただいた高校は18校にのぼります。論文を応募していただいた全国の高校生の皆さんとご指導に当たられた先生方に心より感謝申し上げます。この「未来の科学者との対話18」には大賞、優秀賞をはじめとする入賞論文全20編の論文を原論文の持ち味を生かすように工夫しながら読みやすい形でリライトして掲載させていただいています。また、各論文の末尾には、著者と論文指導にあたられた先生の受賞コメントに加えて、予備審査に当たりました神奈川大学の教員からのメッセージ「未来の科学者へ」を掲載しております。受賞者へのエールとなれば幸いです。

　今回の大賞には滋賀県立彦根東高等学校SS部 数学班による「拡張されたSoddyの六球連鎖における半径の逆数和の性質（原題）」が、また、優秀賞には兵庫県立姫路東高等学校 科学部「チュウガタシロカネグモ（*Leucauge blanda*）は発する糸を変えて機能的な巣を形成する（原題）」、名古屋市立向陽高等学校 国際科学科 ブランコ班による「ブランコ漕ぎのメカニズムについて（原題）」、愛媛県立西条高等学校 化学部による「銅樹はCuだけではなかった〜組成と生成過程に注目して〜（原題）」の3篇の論文が選ばれました。このほかに努力賞16篇が選ばれました。上位論文は、いずれも甲乙つけがたい高いレベルの論文です。努力賞に留まった研究の中にも非常にレベルの高い研究が多くありました。

　大賞に選ばれた彦根東高等学校SS部 数学班は2年前の第16回理科論文大賞におきまして大賞を受賞されています。今回の論文の予備審査にあたった数学を専門とする教員からは『前回の研究成果をしっかり継承し、その上で実験、推測、証明という流れで論文が展開され、特に「どうして

このようなことを考えるのか」という点についてしっかり説明されている』というコメントが挙がっています。彦根東高等学校 SS 部 数学班の2回目の大賞受賞は特筆すべき業績と言えるでしょう。

　2020 年 3 月 14 日には神奈川大学横浜キャンパスで講演会・授賞式が行われる予定でした。残念ながら、新型コロナウイルスの感染拡大により中止となりました。予定では、第一部では美瑛町美宙（MISORA）天文台長佐治晴夫先生による講演「宇宙と私たちの現在・過去そして未来〜銀河文明の一員を目指して〜」、第二部では、各賞の授賞式に続いて、大賞と優秀賞のあわせて 4 組の研究発表が行われることになっていました。佐治先生は NASA の宇宙探査ボイジャーに、地球からのメッセージとしてバッハの音楽を搭載することの提案や地球外知的生命探査プロジェクトにも関わられ、また、JAXA の宇宙連詩編纂委員会委員長を務められています。研究発表では、例年、高校生の皆さんのプレゼンテーションを拝見させていただき、また研究を行った高校生の皆さんの素顔を拝見することができるので楽しみにしておりましたが、今回は中止せざるを得ない状況となりました。一刻も早い感染の収束を祈るばかりです。

　最後になりますが、各賞の選考にあたっていただきました審査委員長の上村大輔先生、審査委員の紀一誠、齊藤光實、庄司正弘、内藤周式、西村いくこ、松本正勝の各先生には厚く御礼申し上げます。今回から審査委員として甲南大学特別客員教授・京都大学名誉教授の西村いくこ先生にご就任いただきました。個人的なことですが、私が大学院生のころ（30 年以上前になりますが）愛知県岡崎市にある基礎生物学研究所で実験をさせていただいたことがあります。同時期に西村先生は基礎生物学研究所に所属されて研究に携わっておられたとのことで、深いご縁を感じております。西村先生は日本植物生理学会会長や日本学術会議会員などの要職にも就かれ、女性研究者の育成とそのための環境整備に力を注がれています。西村先生には今後とも神奈川大学全国高校生理科・科学論文大賞の発展にお力添えを賜りたくよろしくお願い申し上げます。また、応募していただいた論文の予備審査には、本学の理学部、工学部、人間科学部に所属する多くの教員が当たったことを付け加えさせていただきます。

未来の科学者との対話 18

―第18回　神奈川大学 全国高校生理科・科学論文大賞 受賞作品集―　　NDC 375

2020 年 5 月 25 日　初版 1 刷発行

定価はカバーに表示してあります

ⓒ　編　者　学校法人 神奈川大学広報委員会
　　　　　　全国高校生理科・科学論文大賞専門委員会
　　発行者　井水 治博
　　発行所　日刊工業新聞社
　　　　　　〒 103-8548　東京都中央区日本橋小網町 14-1
　　電　話　書籍編集部　03（5644）7490
　　　　　　販売・管理部　03（5644）7410
　　FAX　03（5644）7400
　　振替口座　00190-2-186076
　　URL　https://pub.nikkan.co.jp/
　　e-mail　info@media.nikkan.co.jp
　　印刷・製本　新日本印刷